教育部大学计算机课程改革项目规划教材

辽宁省"十二五"普通高等教育本科省级规划教材

大学计算机实验指导
（第4版）

朱鸣华 孟 华 主编

许 青 赵铭伟 编

高等教育出版社·北京

内容摘要

本书是与朱鸣华、孟华主编的《大学计算机》(第4版)(以下简称主教材)配套使用的实验指导教材。

本书配合主教材，根据教学要求共设置操作系统、文字处理软件、电子表格软件、演示文稿软件、计算机网络与应用、Access 数据库基础以及 Flash 动画制作 7 个单元的实验内容。

根据主教材的内容，本书精心设置安排了上机练习内容，每个实验项目都较为详细地叙述了具体的操作步骤，并给出实例和练习任务，以及详细操作视频，通过实际训练引导学生掌握计算机的基本操作方法和技能。

本书适合各类高等学校大学计算机课程的实验教学，也可作为计算机爱好者的自学参考书。

图书在版编目（CIP）数据

大学计算机实验指导 / 朱鸣华，孟华主编；许青，赵铭伟编．--4 版．--北京：高等教育出版社，2019.8（2023.7 重印）

ISBN 978-7-04-052507-6

Ⅰ．①大… Ⅱ．①朱… ②孟… ③许… ④赵… Ⅲ．①电子计算机-高等学校-教学参考资料 Ⅳ．①TP3

中国版本图书馆 CIP 数据核字（2019）第 171776 号

策划编辑	唐德凯	责任编辑	唐德凯	特约编辑	薛秋丕	封面设计	王 鹏
版式设计	童 丹	插图绘制	于 博	责任校对	陈 杨	责任印制	高 峰

出版发行	高等教育出版社	网 址	http://www.hep.edu.cn
社 址	北京市西城区德外大街 4 号		http://www.hep.com.cn
邮政编码	100120	网上订购	http://www.hepmall.com.cn
印 刷	固安县铭成印刷有限公司		http://www.hepmall.com
开 本	787 mm×1092 mm 1/16		http://www.hepmall.cn
印 张	11.25	版 次	2008 年 6 月第 1 版
字 数	280 千字		2019 年 8 月第 4 版
购书热线	010-58581118	印 次	2023 年 7 月第 6 次印刷
咨询电话	400-810-0598	定 价	22.00 元

本书如有缺页、倒页、脱页等质量问题，请到所购图书销售部门联系调换
版权所有　侵权必究
物 料 号　52507-00

前 言

"大学计算机"课程是大学通识教育中的计算机类基础课程,课程的主要目标是培养学生使用计算机的意识和基本能力,为今后的学习和研究奠定基础。

本书是为了配合大学计算机基础课程的教学,进一步提高大学生的计算机实际应用技能而编写的。本书从实际应用出发,兼顾不同学生的计算机水平,配合主教材的内容设置实验,并对主教材中的主要知识点安排了循序渐进的上机训练。此外,本书还对计算机应用技能的部分知识、内容和操作方法进行了详细的叙述,本次修订还增加了相应的操作视频素材,以使不同计算机基础的学生均能进行学习和有目的的实验训练。

本书安排的实验内容充实、设置合理、实用性及可操作性强,方便教师教学和学生学习。全书共7个单元,23个实验。每个实验均包括实验目的、实验内容,有的实验还配有练习及操作示例。其中,第一单元为操作系统,设置了3个实验;第二单元为文字处理软件,设置了5个实验;第三单元为电子表格软件,设置了5个实验;第四单元为演示文稿软件,设置了2个实验;第五单元为计算机网络与应用,设置了3个实验;第六单元为Access数据库基础,设置了3个实验;第七单元分为Flash动画制作,设置了2个实验。通过实验训练,使学生能够较快地掌握计算机的基本操作及常用软件的使用方法。各校可根据教学学时及实际情况选做相应的实验。

本书的实验环境为Windows 7操作系统,Office 2010、IE 9和Flash MX。

本书由朱鸣华、孟华主编,各章节编写分工为:第一、二、六单元由许青编写;第三、四单元由孟华编写;第五单元由赵铭伟编写;第七单元由朱鸣华编写。

在本书编写过程中得到了大连理工大学计算机基础教研室许多教师的帮助和支持,在此表示衷心的感谢。

对于书中的疏漏和不足之处,恳请广大读者批评指正。

编 者
2019年3月

目　录

第一单元　操作系统

实验一　Windows 7 基本操作 ………… 002
实验二　文件与文件夹操作 ………… 009

第二单元　文字处理软件

第一部分　文字处理软件介绍 ………… 014
2.1　建立与格式化文档 ………… 014
　2.1.1　文档的建立 ………… 014
　2.1.2　文档的编辑与格式化 ………… 016
2.2　制作表格 ………… 019
　2.2.1　表格的创建与格式化 ………… 020
　2.2.2　表格中的其他操作 ………… 022
2.3　图文混排 ………… 022
　2.3.1　插入和编辑图形对象 ………… 023
　2.3.2　插入和编辑 SmartArt 图形 ………… 024
　2.3.3　文本中其他对象的插入和编辑 ………… 025
2.4　文档的审阅 ………… 026
　2.4.1　插入批注 ………… 026
　2.4.2　修订文档 ………… 027
2.5　页面设置与打印 ………… 027
　2.5.1　页面设置 ………… 027
　2.5.2　文档的打印 ………… 029

第二部分　实验项目 ………… 029
实验一　Word 文档的建立与编辑 ………… 029
实验二　文档的排版与打印 ………… 032
实验三　表格的建立与编辑 ………… 035
实验四　图文混排 ………… 038
实验五　综合实验 ………… 042

第三单元　电子表格软件

第一部分　电子表格软件介绍 ………… 050
3.1　工作表的建立与操作 ………… 050
　3.1.1　工作表的建立 ………… 050
　3.1.2　Excel 中的数据类型 ………… 052
　3.1.3　工作表的基本操作 ………… 054
3.2　使用公式与函数 ………… 055
　3.2.1　单元格的引用 ………… 055
　3.2.2　使用公式 ………… 056
　3.2.3　使用函数 ………… 057
3.3　工作表的编辑与格式化 ………… 061
　3.3.1　工作表的编辑 ………… 061
　3.3.2　工作表的格式化 ………… 062
3.4　使用图表 ………… 064
　3.4.1　创建图表 ………… 064
　3.4.2　图表的编辑与格式化 ………… 065
3.5　数据清单 ………… 066
　3.5.1　排序和筛选 ………… 066
　3.5.2　分类汇总 ………… 068
　3.5.3　数据透视表 ………… 069

第二部分　实验项目 ………… 071
实验一　工作表的建立与编辑 ………… 071
实验二　工作表的基本操作 ………… 079
实验三　图表的制作 ………… 082
实验四　数据清单的操作 ………… 086
实验五　数据复制和统计中的其他操作 ………… 092

第四单元 演示文稿软件

第一部分 PowerPoint 演示文稿软件介绍 ········ 098

4.1 幻灯片的制作与格式化 ········ 098
  4.1.1 幻灯片的制作 ············ 098
  4.1.2 向幻灯片中插入音频和视频 ······ 099
  4.1.3 将幻灯片文本转换为 SmartArt 图形 ················ 100
  4.1.4 幻灯片的视图模式 ········ 100
  4.1.5 幻灯片的格式化 ········ 102
4.2 演示文稿的操作 ············ 102
  4.2.1 幻灯片的基本操作 ········ 102
  4.2.2 演示文稿外观的设置 ······ 103

4.3 幻灯片播放效果的设置 ········ 105
  4.3.1 设置动画效果 ············ 105
  4.3.2 设置幻灯片切换 ·········· 106
  4.3.3 设置超链接 ············ 106
4.4 幻灯片的放映 ············ 108
  4.4.1 设置幻灯片放映 ·········· 108
  4.4.2 启动幻灯片放映 ·········· 109

第二部分 实验项目 ············ 109
实验一 演示文稿的建立与编辑 ······ 109
实验二 设置幻灯片播放效果和放映方式 ················ 113

第五单元 计算机网络与应用

实验一 查看 TCP/IP 配置、检测网络连接 ················ 118
实验二 Internet Explorer 的使用 ··· 120
实验三 收发电子邮件 ············ 129

第六单元 Access 数据库基础

实验一 Access 数据库表的建立和维护 ················ 138
实验二 SQL 常用命令 ············ 144
实验三 创建查询 ············ 152

第七单元 Flash 动画制作

第一部分 Flash MX 软件介绍 ········ 158
7.1 Flash MX 简介 ············ 158
7.2 Flash MX 动画制作基础 ········ 160
7.3 Flash 动画制作方法 ············ 164
7.4 Flash 动画的导出与发布 ········ 168

第二部分 实验项目 ············ 169
实验一 制作 Flash 动画 ············ 169
实验二 制作 Flash 动画并添加声音效果 ················ 171

第一单元
操作系统

实验一　Windows 7 基本操作

一、实验目的
① 掌握 Windows 7 的基本知识和基本操作。
② 掌握控制面板的使用方法。

二、实验内容

1. 桌面和任务栏的设置

（1）添加/删除桌面图标

例如，在桌面上添加一个 Microsoft Word 2010 的快捷方式图标，然后将其删除。

【操作方法】

① 单击"开始"按钮，在"所有程序"中找到 Microsoft Word 2010。
② 将光标指向 Microsoft Word 2010 并右击弹出快捷菜单。
③ 选择"发送到"→"桌面快捷方式"命令，如图 1.1 所示，即可在桌面上增加一个 Microsoft Word 2010 图标。
④ 选中 Microsoft Word 2010 图标，右击，在弹出的快捷菜单中选择"删除"命令即可将其删除；或在选中 Microsoft Word 2010 图标后，直接按 Delete 键，也可将该图标删除。

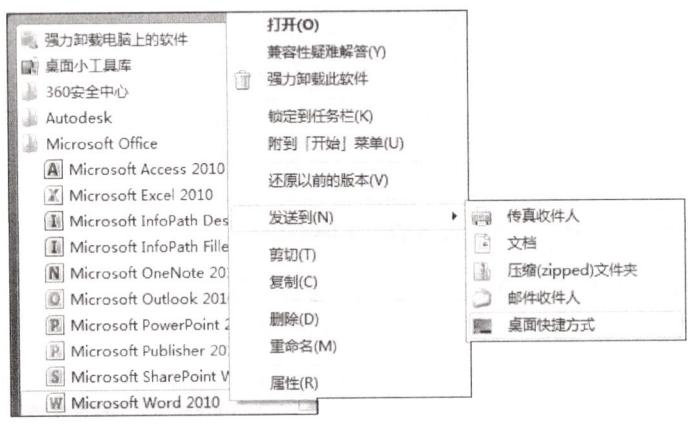

图 1.1　创建应用程序的快捷方式

（2）任务栏的自动隐藏

【操作方法】

① 将光标指向任务栏并右击，弹出快捷菜单。
② 选择其中的"属性"命令，打开如图 1.2 所示的对话框。
③ 选择"任务栏和「开始」菜单属性"对话框中的"任务栏"选项卡。
④ 选中"自动隐藏任务栏"复选框，单击"应用"或"确定"按钮，则任务栏将自动隐藏。

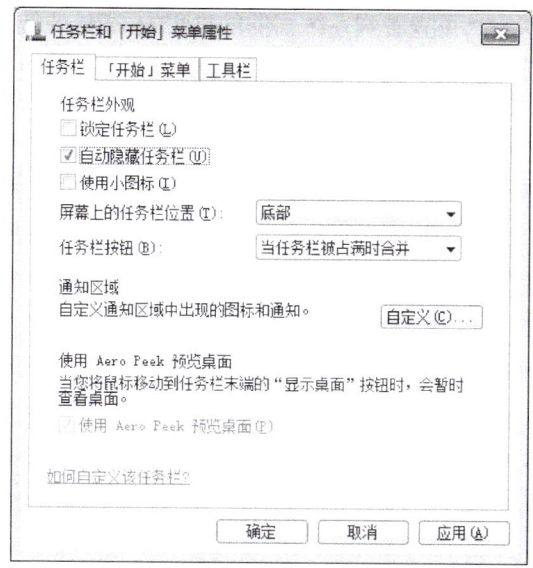

图 1.2 "任务栏和「开始」菜单属性"对话框

2. "Windows 任务管理器"的使用

例如,启动"画图"程序,然后查看系统当前进程,并通过"Windows 任务管理器"终止"画图"程序。

【操作方法】

① 右击任务栏空白处,在弹出的快捷菜单中选择"启动任务管理器"命令,打开"Windows 任务管理器"对话框,如图 1.3 所示。

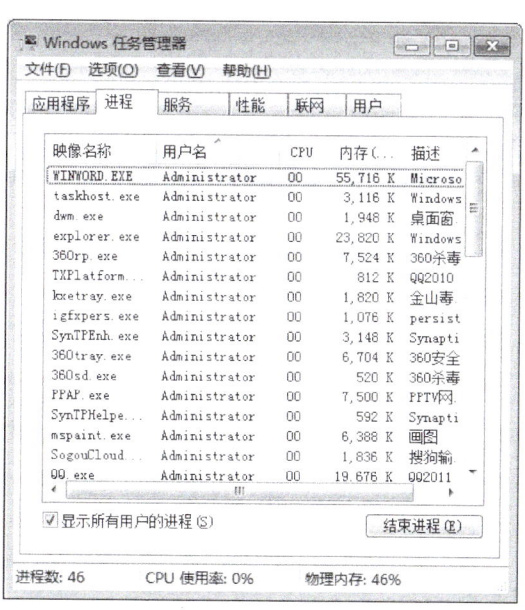

图 1.3 "Windows 任务管理器"对话框

② 在"进程"选项卡中，可查看到系统当前的进程及 CPU 的使用情况。

③ 在"应用程序"选项卡（如图 1.4 所示）中选中"无标题-画图"，单击"结束任务"按钮，即可终止该程序的运行。

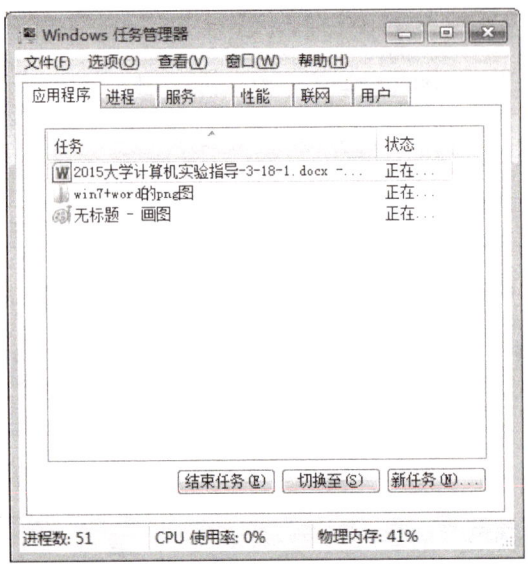

图 1.4 "应用程序"选项卡

3. "回收站"的操作

例如，将 D 盘中刚删除的文件 test.docx 进行还原。

【操作方法】

① 双击桌面上的"回收站"图标，打开"回收站"窗口，如图 1.5 所示。

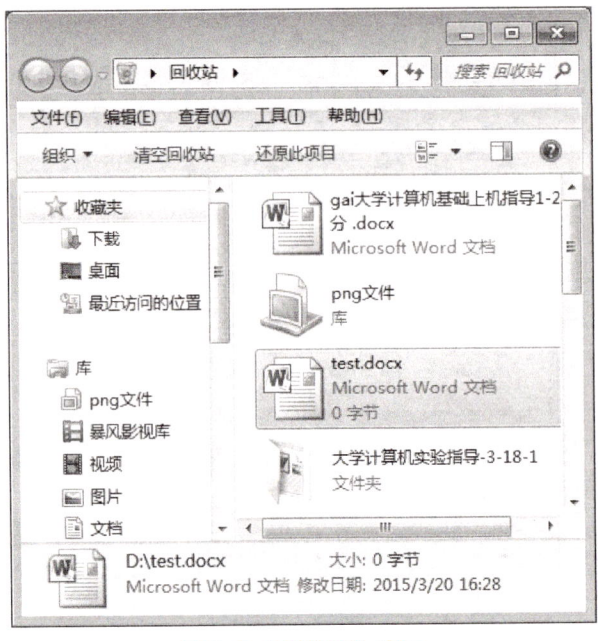

图 1.5 "回收站"窗口

② 从回收站中找到 test.docx 文件，然后右击此文件，从弹出的快捷菜单中选择"还原"命令，test.docx 文件就会恢复到原来的 D 盘位置。此外，也可选中要恢复的文件，单击菜单栏中的"还原此项目"。

事实上，删除到回收站的文件并没有真正地被删除，它可以通过"还原"功能恢复被误删除的文件。但如果执行了"清空回收站"命令，则被删除的文件将无法恢复。另外，从 U 盘上删除的文件无法从回收站中还原。

4."命令提示符"中的操作

（1）选择当前盘

例如，选择 D 盘作为当前盘。

【操作方法】

① 选择"开始"→"所有程序"→"附件"→"命令提示符"选项。

② 在当前提示符（示例中的提示符为 C:\Users\Administrator>）下输入"D:"并按 Enter 键，此时当前盘即为 D 盘，如图 1.6 所示。

图 1.6 "命令提示符"方式

（2）在命令提示符下执行一个命令

例如，执行 dir 命令，查看当前路径下的信息。

【操作方法】在命令提示符下直接输入 dir，按 Enter 键，即可查看该路径下的文件及目录等信息，如图 1.7 所示。

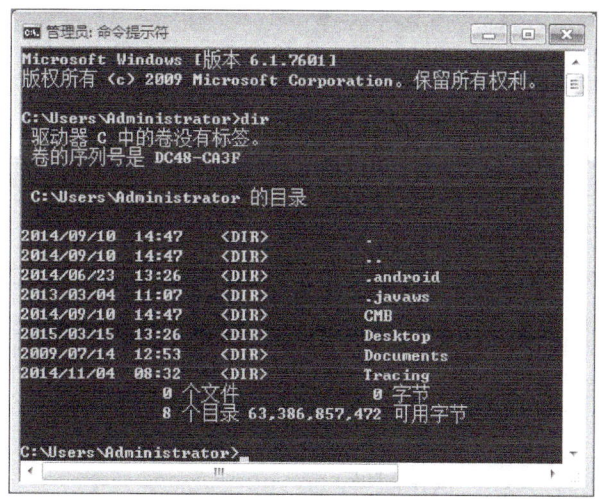

图 1.7 执行 dir 命令

5. 外观与个性化设置

（1）更改桌面背景并设置屏幕保护

【操作方法】

① 打开"控制面板"，单击"外观和个性化"→"个性化"选项。

② 单击"更改桌面背景"选项，在打开的窗口中，通过"图片位置"或"浏览"按钮，选择自己喜欢的图片，可以是一张图片，也可以是多张照片创建的幻灯片。当用幻灯片作背景时，可以通过"更改图片时间间隔"来设置图片更换的速度。

③ 单击"更改屏幕保护程序"，在打开的对话框中选择自己喜欢的"屏幕保护程序"，如"三维文字"，在"等待"文本框中可设置等待的时间。

④ 单击"设置"按钮，可通过打开的"三维文字设置"对话框对文字内容、大小、旋转速度等进行设置。

（2）显示设置

例如，设置屏幕分辨率为 1280×800 像素，并启用 Clear Type。

【操作方法】

① 打开"控制面板"，单击"外观和个性化"→"个性化"选项。

② 单击"显示"选项，在打开的窗口中单击左侧的"调整分辨率"，单击"分辨率"下拉箭头，拖动滑块可以更改当前屏幕分辨率值的大小，如图 1.8 所示。

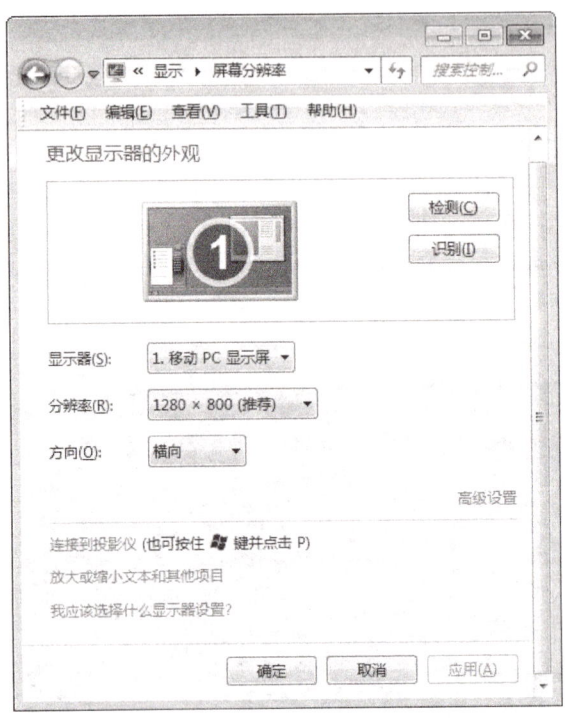

图 1.8　屏幕分辨率设置

③ 单击"应用"或"确定"按钮即可。

④ 在"显示"窗口中，单击左侧的"调整 Clear Type 文本"，选中"启用 Clear Type 复选

框",按照向导完成设置。

在"屏幕分辨率"窗口中,也可设置屏幕显示方向,以及检测显示器和选择显示器;在"高级设置"中,可对显示器的屏幕刷新率和颜色进行设置。

6. 添加或删除程序

例如,卸载已安装的应用程序。

【操作方法】

① 打开"控制面板",单击"程序"选项。

② 在"程序"窗口中,单击"程序和功能"→"卸载程序"。

③ 在打开的窗口中,从已安装的程序列表中选中需要删除的程序,单击程序列表上方的"卸载"按钮,或在选中的程序上右击,在弹出的快捷菜单中选择"卸载",然后根据提示操作即可。

7. 时钟、语言和区域设置

例如,设置短日期格式为yyyy/M/d、长日期格式为yyyy年M月d日以及度量衡系统为公制。

【操作方法】

① 打开"控制面板",单击"时钟、语言和区域"。

② 在打开的窗口中,选择"区域和语言"下的"更改日期、时间或数字格式"。

③ 打开如图1.9所示的对话框,在"短日期"的下拉列表框中选择"yyyy/M/d",在长日期下拉列表框中选择"yyyy'年'M'月'd'日'"。

图1.9　日期、时间格式设置

④ 单击"其他设置"按钮，将"数字"选项卡下的"度量衡系统"设置为公制。
⑤ 单击"应用"或"确定"按钮，完成设置。

8. 用户账户的操作

例如，创建一个名字为 Rose 的新账户，并设置为标准用户。

【操作方法】

① 打开"控制面板"，单击"用户账户和家庭安全"→"添加或删除用户账户"选项，打开"管理账户"窗口，如图 1.10 所示。

② 单击"创建一个新账户"，在打开的窗口中输入新账户名"Rose"，选中"标准用户"单选按钮，如图 1.11 所示，单击"创建账户"按钮，即可完成 Rose 新账户的创建。

图 1.10　管理账户

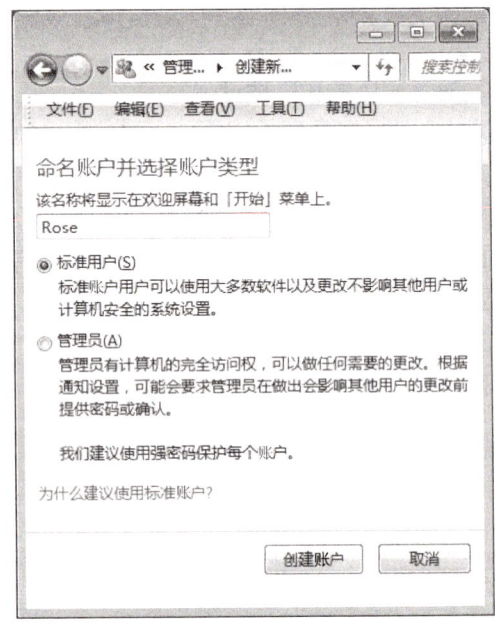

图 1.11　创建新账户

③ 选择 Rose 标准用户，可更改账户名称、创建密码、更改图片、设置家长控制及更改账户类型。选择"创建密码"选项，则可以按提示更换新的密码。有了账户密码后，再以此账户登录时，必须输入密码才能进入。

注意：只有"计算机管理员"账户才有权创建、更改和删除账户，可以安装并访问所有程序；标准用户只能更改或删除自己的密码和信息。但是，如果要执行影响该计算机其他用户的操作（如安装软件或更改安全设置），则 Windows 可能要求用户提供管理员账户的密码，从而起到保护计算机的作用。

9. 系统和安全

例如，备份计算机。

【操作方法】

① 打开"控制面板"，单击"系统和安全"→"备份您的计算机"选项。

② 在打开的"备份和还原"窗口中，单击"设置备份"，选择要保存备份的位置，即可

启动备份。

注意：备份的位置，最好是选择保存到外部硬盘上。

实验二　文件与文件夹操作

一、实验目的
① 掌握文件与文件夹的一般操作。
② 掌握磁盘格式化的方法。

二、实验内容

1. 新建文件夹

例如，在 D 盘根目录下，创建一个文件夹，名称为"我喜爱的诗"。

【操作方法】

① 双击桌面上的"计算机"图标，在打开的窗口中双击 D 盘。

② 单击窗口中的"新建文件夹"按钮，如图 1.12 所示。就可以看到 D 盘中新建了一个文件夹，名称为"新建文件夹"。

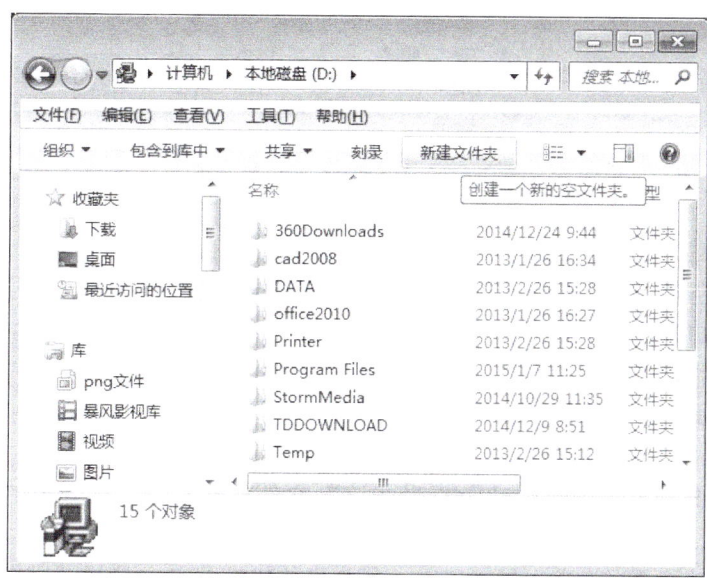

图 1.12　新建文件夹

③ 更改"新建文件夹"名称，输入"我喜爱的诗"，按 Enter 键即可完成新文件夹的创建。

创建文件夹的另一种方法是在选定位置处直接右击，在弹出的快捷菜单中选择"新建"子菜单下的"文件夹"命令。

2. 新建一个文件

例如，在 D 盘中创建一个文本文件，名称为"孟浩然诗.txt"。

【操作方法】

① 双击桌面上的"计算机"图标，在打开的窗口中双击 D 盘。

② 在 D 盘的内容窗格中，右击空白处，在弹出的快捷菜单中选择"新建"→"文本文档"命令，如图 1.13 所示。

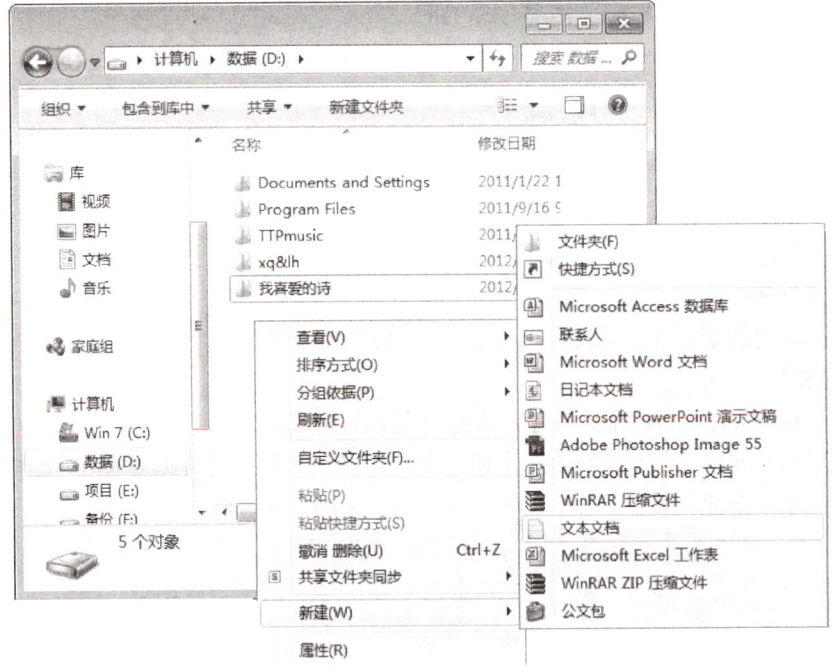

图 1.13　新建文本文档

③ 更改"新建文本文档.txt"为"孟浩然诗.txt"。

这里要说明的是：新建文件更一般的方法是通过打开相应的应用程序来建立。

3. 复制、移动文件与文件夹

例如，将文件夹"我喜爱的诗"复制到桌面，然后将文件"孟浩然诗.txt"移动到该文件夹中，并重新命名该文件为"poem1.txt"。

【操作方法】

① 在 D 盘中找到上述创建的"我喜爱的诗"文件夹并右击，从弹出的快捷菜单中选择"复制"命令。

② 将鼠标指针移至桌面空白处并右击，从弹出的快捷菜单中选择"粘贴"命令，则文件夹"我喜爱的诗"就会被复制到桌面上。

③ 在 D 盘中找到上述创建的文件"孟浩然诗.txt"，并右击，从弹出的快捷菜单中选择"剪切"命令。

④ 双击桌面"我喜爱的诗"文件夹，在打开的窗口中，右击内容窗口的空白处，在弹出的快捷菜单中选择"粘贴"命令，此时文件夹中就会出现一个名为"孟浩然诗.txt"的文件。

⑤ 右击"孟浩然诗.txt"文件，从弹出的快捷菜单中选择"重命名"命令，将主文件名改为"poem1"，按 Enter 键即可。

另外，对于文件、文件夹的复制（或移动），也可以利用窗口中的菜单实现，方法是：选中目标后先"复制"（或"剪切"），然后在指定的位置进行"粘贴"。

4. 修改文件属性

例如，将文件"poem1.txt"属性改为隐藏属性。

【操作方法】

① 右击文件"poem1.txt"，从弹出的快捷菜单中选择"属性"命令，弹出"属性"对话框。

② 在"属性"对话框中，选择"隐藏"属性，然后单击"应用"或"确定"按钮，这样文件"poem1.txt"就变为具有"隐藏"属性的文件了。

此时，在桌面上"我喜爱的诗"文件夹中，用户可能看不到文件"poem1.txt"，也可能看到的是一个水印（冲蚀）效果的图标，这取决于文件和文件夹的显示设置，若设置的是"不显示隐藏的文件、文件夹和驱动器"，则看不到文件poem1.txt。

5. 删除具有隐藏属性的文件

例如，删除具有隐藏属性的文件poem1.txt。

一般情况下，要删除文件或文件夹，只要先选中要删除的文件或文件夹，再按Delete键即可。

【操作方法】假如在"我喜爱的诗"文件夹中，没有显示隐藏文件"poem1.txt"。

① 双击"我喜爱的诗"文件夹，选择"组织"菜单下的"文件夹和搜索选项"命令。

② 在弹出的对话框中选择"查看"选项卡，在"高级设置"列表框中选中"显示隐藏的文件、文件夹和驱动器"单选按钮，如图1.14所示，单击"应用"或"确定"按钮。

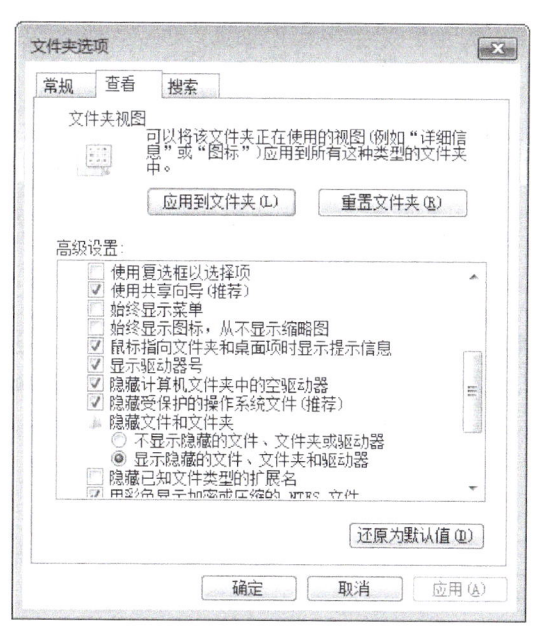

图1.14 "文件夹选项"对话框

③ 右击 poem1.txt 文件，从弹出的快捷菜单选择"删除"命令即可。

6. 搜索文件及文件夹

例如，搜索扩展名为 .docx 的所有文件。

【操作方法】

① 单击"开始"按钮，在"搜索程序和文件"框中输入"*.docx"，则可将扩展名为 .docx 的文件显示出来。

② 单击"查看更多结果"命令，则可看到所有搜索到的 docx 文件。

另外，也可以使用文件夹或库中的搜索框进行搜索。

如果知道要查找的文件位于某个特定文件夹或库中，例如文档或图片文件夹/库，为了节省时间，可使用已打开窗口顶部的搜索框。

说明："*"为通配符，可代表任意一串字符串；另一个通配符是"?"，代表任意一个字符。

例如，要搜索名称只有两个字符且第一个字符是"d"的所有 .bmp 文件，则搜索时应输入"d?.bmp"。

7. 截图工具

例如，使用 Windows 7 截图工具建立图片文件。

【操作方法】

① 单击"开始"按钮，选择"所有程序"→"附件"→"截图工具"选项，打开"截图工具"应用程序。

② 按住鼠标左键，拖动光标选取要截取的区域，则选择的区域即被复制到"截图工具"应用程序窗口。

③ 选择"文件"→"另存为"命令，将该文件保存为所需要的图片文件格式即可。

8. 磁盘格式化

例如，格式化可移动磁盘。

【操作方法】 双击桌面上的图标"计算机"，再右击可移动磁盘（如 H 盘），从弹出的快捷菜单中选择"格式化"命令，即可在打开的"格式化"对话框中对可移动磁盘 H 进行格式化操作。

三、练习

1. 利用 Windows 截图工具任意截图，并在 Windows 画图程序中进行编辑。
2. 学习使用压缩软件 WinRAR，对几个文件进行压缩并对压缩文件进行解压缩。

第二单元
文字处理软件

　　文字处理软件集文字、表格、图形的录入、编辑、排版和打印功能于一体，为用户提供一个良好的文字输入、编辑和输出操作的工作环境。本单元以美国微软公司的 Microsoft Office Word 2010 为操作平台，首先介绍该软件的基本功能和操作方法，在第二部分安排了相应的上机实验内容，以方便上机操作。

第一部分　文字处理软件介绍

2.1　建立与格式化文档

2.1.1　文档的建立

启动 Word 后，会自动打开一个新文档，默认文件名为"文档 1"。

在文本编辑区输入文本以建立文档。输入文本时，编辑区内闪烁的竖形光标称为"插入点"，它标识文字输入的位置。当输入到行尾时，Word 会自动换行。需要开始新的一段时，按 Enter 键，此时产生一个段落标记"↵"，插入点移到下一行首。如果在录入过程中产生了错误，可用 Backspace 键删除插入点前面的一个字符，按 Delete 键可删除插入点后面的字符。输入文本时会遇到各种符号的输入，介绍如下。

① 输入中文标点符号。切换到中文输入状态，直接用键盘可输入对应的中文标点。中文标点在键盘上的键位与所选择的中文输入法有关。表 2.1 给出了几个常用中文标点与键盘上键位的对应情况。

表 2.1　中文标点及其对应键位

中文标点	对应按键	中文标点	对应按键
、顿号	\	'左单引号	'（单数次）
。句号	.	'右单引号	'（偶数次）
，逗号	,	"左双引号	"（单数次）
：冒号	:	"右双引号	"（偶数次）
；分号	;	《左书名号	<
……省略号	^	》右书名号	>

② 输入特殊符号。在"插入"选项卡，选择"符号"组中的"符号"→"其他符号"命令，弹出"符号"对话框，如图 2.1 所示，选择"符号"选项卡，在"字体"下拉列表框中选择符号的字体，然后选择表中所需符号，单击"插入"按钮，即可在文档插入点插入选定的符号。

③ 输入数学符号、各种序号、字母等。打开输入法状态栏，如图 2.2 所示，右击其软键盘图标，在输入法菜单中选择所需要的符号类型，即可在屏幕上出现浮动式符号键盘，单击键盘中某符号即可输入相应字符。再次单击软键盘图标可取消选定的符号软键盘。

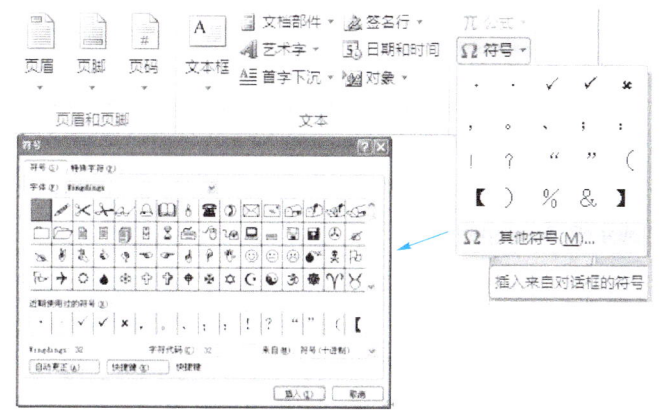

图 2.1 "符号"对话框　　　　　　　图 2.2 "搜狗拼音输入法"状态栏

④ 设置项目符号及编号。项目符号或编号可以清晰地表述文档列表内容的并列或顺序关系。对于已有的文本，添加项目符号或编号的方法是：选定要设置项目符号或编号的文本列表，单击"段落"组中的"项目符号"或"编号"按钮。如果对系统默认添加的项目符号和编号不满意，可单击"项目符号"或"编号"按钮右边的下拉箭头打开"项目符号库"或"编号库"进行选择，如图 2.3 所示，也可以更改列表级别或定义新项目符号或新编号格式。

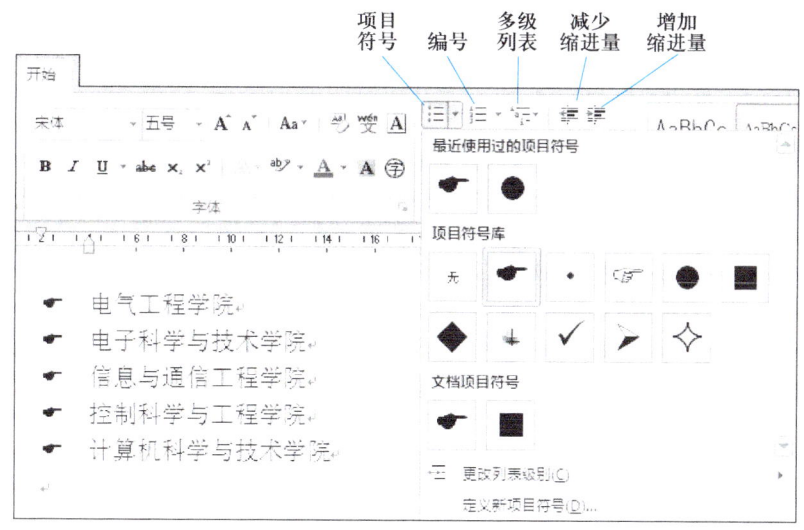

图 2.3　打开"项目符号库"进行选择

要删除项目符号或编号，可先选择已设置项目符号或编号的文本，单击图 2.3 中的"项目符号"或"编号"按钮。

多级符号可清楚地表示各个层次之间的关系。设置前应先用缩进的办法确定各层次结构，然后单击图 2.3 中的"多级列表"按钮在"列表库"中选择所需列表样式。

2.1.2 文档的编辑与格式化

1. 文档的编辑

文档的编辑是指对文档内容进行插入、修改、删除等操作。

要编辑文档的内容，首先要选定欲编辑的文本内容，被选定的文本呈反白显示。选定文本的一般方法是：用鼠标 I 形指针从要选定文本的起始位置拖动到要标记文本的结束位置，鼠标经过的文本区域被选定；如果将鼠标指针移动到某段落中三击，可选定该段落；如果在按住 Alt 键的同时，拖动鼠标指针可选定鼠标经过的矩形区域。

如果要选择不连续的文本区域，可以用鼠标 I 形指针先选择一个文本区域，然后按住 Ctrl 键，再拖动选择其他文本区域。如果要取消选定的文本，可单击文档中的任一处。

（1）插入与修改文本

启动 Word 后，系统默认字符为"插入"状态，单击它可变为"改写"状态。在插入状态下，光标移到新位置即可插入字符，当前光标位置字符自动向后移动；若在改写状态下，插入字符则替代当前光标位置字符。

如果要删除文本内容，选定文本区后按 Delete 键。删除单个字符时用 Backspace 键或 Delete 键比较方便。Backspace 键用于删除光标前面的字符；Delete 键用于删除光标后面的字符。

（2）复制与移动文本

如果要复制、移动文本内容，可使用剪贴板来完成。在"开始"选项卡中的"剪贴板"组含有剪切、复制、粘贴、格式刷等按钮，单击剪贴板对话框启动器可查看剪贴板的信息。Office 2010 的剪贴板最多可以存放 24 次复制或剪切的内容。

复制文本是指将被选定的文本内容复制到指定区域，原文本保持不变；移动文本是指将被选定的文本内容移动到指定位置，移动后原文本被删除。操作方法是：选定要复制或移动的文本内容，单击"复制"或"剪切"按钮；将鼠标指针移动到目标位置单击"粘贴"按钮。连续执行"粘贴"操作，可将复制的文本粘贴到多处。

用鼠标拖动也可以移动或复制文本：选定要移动或复制的文本内容，移动鼠标指针到选中目标，此时鼠标指针成为一个箭头；按住鼠标左键拖动到目标位置完成移动操作；如果在拖动时按住 Ctrl 键，执行复制操作。

当进行"粘贴"操作后，会出现"粘贴选项"智能标记按钮，单击下拉箭头，可显示选项列表供用户选择。

（3）查找与替换

将插入点移至欲查找的起始位置；在"开始"选项卡中选择"编辑"→"查找"命令，显示"导航"窗口，输入要查找的内容，可显示与之匹配的项数，查找到的内容将醒目显示。

替换是查找的延伸，适用于更换多处相同的内容。在"开始"选项卡中选择"编辑"→"替换"命令，显示"查找和替换"对话框，在"替换为"文本框内输入要替换的内容，系统既可以每次替换一处查找内容，也可以一次性"全部替换"。

如果在编辑中出现错误操作，可单击快速访问工具栏中的"撤销"按钮恢复原来的状态；而"重复"按钮用来将撤销的命令重新执行。

2. 文档的格式化

为了使文档具有美观、清晰的格式，便于阅读，需要对录入的文档进行格式化设置。

（1）字符格式化

字符格式化包括文档中的字体、字号、字形、上标、下标和字符间距及字体颜色等格式的设置。方法是：先选定要格式化的文字，再单击图2.4"字体"组中的相应按钮。

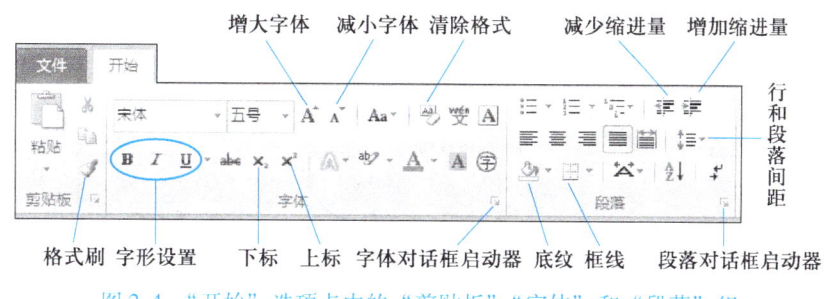

图2.4 "开始"选项卡中的"剪贴板""字体"和"段落"组

中文文字常以字号表示，Word中从最大的初号到最小的八号字。字号有时也用磅表示，指字符在一行中垂直方向所占的点，1磅为1/72英寸。磅值最大为72，最小为5。

（2）段落的格式化

段落是Word进行文档排版的基本单位，每个段落结尾都有一个段落标记。使用"段落"组中的命令按钮可对段落进行格式化，设置包括段落缩进、对齐、间距和修饰等内容。

段落缩进是指文档中为突出、强调某个段落所设置的两边留出的空白位置，如规定文章每段的首行缩进两个汉字等。

移动水平标尺上的4种缩进标记（首行缩进、悬挂缩进、左缩进、右缩进），可完成对所选择段落的设置。首行缩进是指段落中第一行第一个字符的位置；悬挂缩进是指段落中首行以外的其他行的起始位置；左、右缩进分别是段落的左、右边界的位置。"段落"组中有两个缩进按钮，即"增加缩进量"和"减少缩进量"，可以用来辅助调整段落的缩进。

对齐方式是指文档段落中文字的对齐方式。"段落"组中提供了"左对齐""居中""右对齐""两端对齐"和"分散对齐"5个按钮供用户使用。两端对齐使文本的左端和右端的文字对齐，适用于一般文本，特别是英文文档；标题一般采用居中对齐。

段落修饰是指可以为所选段落添加简单底纹或边框。打开如图2.5所示的"边框和底纹"对话框可以设置边框和底纹。图2.6为设置边框或底纹后的效果。

3. 创建和使用样式

样式是一组已命名格式的集合，分为段落样式和字符样式。段落样式用来控制文档中的段落格式，包含段落的所有排版信息，如段间距、行间距、对齐方式等；字符样式是字符格式的一系列组合，包含与字符排版有关的信息，如字体、字号、加粗等。

样式按照形成方式可分为预定义样式和自定义样式。预定义样式是Word预先定义的内置样式，可直接应用；自定义样式是用户根据需要自己建立的新样式。通过"样式"组中的按钮或命令可实现创建、查看或重新应用样式的操作。

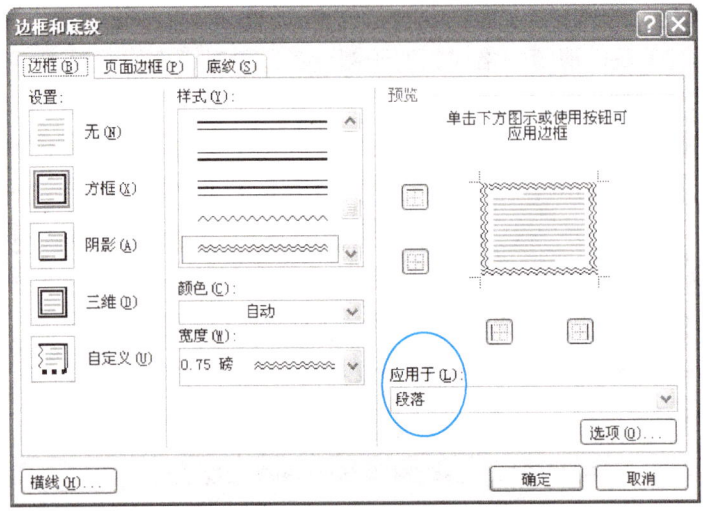

图 2.5 "边框和底纹"对话框

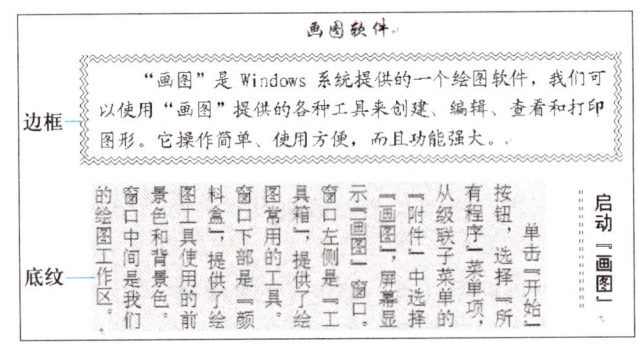

图 2.6 设置边框和底纹后的效果

(1) 创建新样式

当编排好一种标题或段落格式，并希望其他标题或段落具有同样的格式，可将格式保存为样式，并指定一个名称，也就是形成样式。具体方法为：首先对要形成样式的段落进行格式化；将插入点定位在要创建新样式段落中的任一位置，单击"样式"对话框启动器，显示"样式"对话框，如图 2.7 所示；在"样式"对话框中单击"新建样式"按钮，弹出"根据格式设置创建新样式"对话框，在"名称"文本框内输入新样式名称，即可创建一个新样式。

(2) 使用和查看样式

创建的样式与 Word 提供的样式使用方法一致。将鼠标指针移到要设定格式的标题或段落内，单击"样式库"中所要应用的样式，即可将选定样式应用于当前光标所在的标题或段落。在文档编辑区可动态显示样式使用的效果。

查看样式的方法是：单击"样式"对话框启动器，显示"样式"对话框，将鼠标指针移动到被选样式的框线内，其下面会显示所选样式的具体定义，如字号、字体及缩进等。

(3) 修改和删除样式

若要快速更改具有特定样式的所有文本，不必重新设置文档中每一个主标题的格式，只

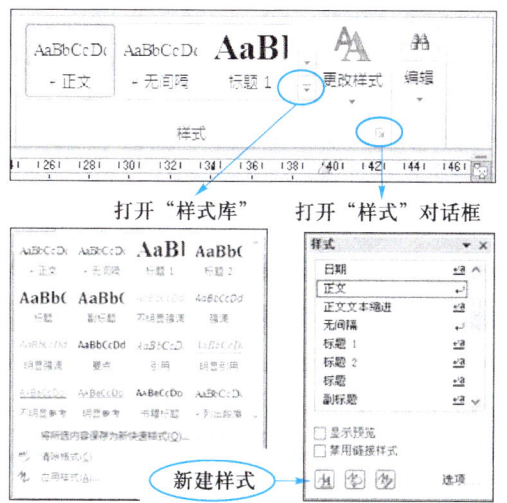

图 2.7 "样式"组中的"样式库"及"样式"对话框中的列表

需修改相应样式文件的属性就可以了。修改样式的方法是：右击"样式"对话框中所要修改的样式，从快捷菜单中选择"修改"命令，弹出与"新建样式"相似的"修改样式"对话框，在对话框中进行相应格式的修改，该样式也将保存在"样式"对话框列表中。

如果要删除所建样式，右击"样式"对话框列表中所要删除的样式，从快捷菜单中选择"删除"命令，在弹出的确认删除对话框中做出选择。

4. 生成目录

一般的长篇论文、书籍等都有目录，使阅读者能够快速地了解文档的结构、层次和内容。在生成目录前，首先对文档中要显示目录的各级标题分别格式化。对于同一级别的标题，可用"格式刷"复制"标题"样式进行统一格式化，也可以选定某个级别的标题后，直接使用样式库中已有的样式。

生成目录的方法：单击要插入引文目录的位置，切换到"引用"选项卡，单击"目录"组中的"目录"按钮，显示系统内置的目录样式，如图 2.8 所示。从中选择一种样式，即可在插入点处显示所生成的目录。

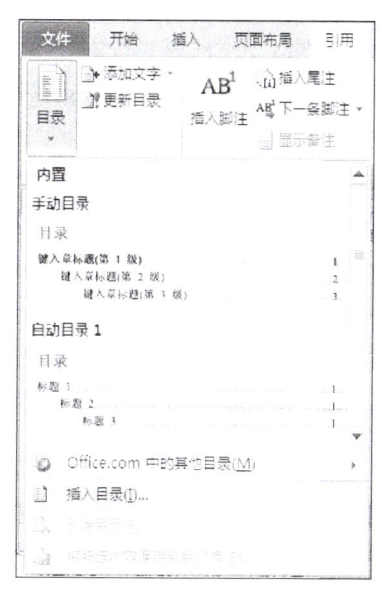

图 2.8 "目录"选项列表

2.2 制作表格

表格操作是文字处理中的一项重要内容。使用 Word 的表格功能，不仅可以方便地创建、修改表格，把表格拖放到文档的任何位置，还可以进行表格与文本的相互转换。表格操作主要通过"插入"选项卡中的"表格"按钮及专用于表格操作的"设计"和"布局"选项卡来完成。

2.2.1 表格的创建与格式化

1. 创建表格

单击"插入"选项卡"表格"组中的"表格"按钮，显示"插入表格"下拉列表，如图 2.9 所示。采用下述方法之一可以创建表格：拖动鼠标指针到方格上选择行数和列数将在指定位置创建表格；选择"插入表格"命令，可在弹出的"插入表格"对话框中输入表格的列数和行数；如果选择"绘制表格"命令，用户可用鼠标笔状指针绘制任何形式的表格；选择"快速表格"命令可以插入一组预先设置好格式的表格，稍加修改即可满足需要。

无论采用上述哪种方法创建表格，当鼠标指针定位到表格中时会显示用于表格操作的"设计"和"布局"两个选项卡。

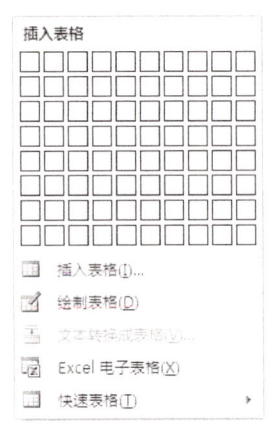

图 2.9 "插入表格"下拉列表

2. 编辑表格

对表格操作前要先选定表格中的行、列或单元格。用鼠标拖动选择比较方便，方法是：移动鼠标指针到要选定区域的左上角单元格，拖动指针到要选定的右下角单元格，释放鼠标键，则鼠标指针经过的区域被选中。如果将鼠标指针移动到表格内，在表格左上角就会出现表格移动控点。单击此控点，将选定整个表格。

也可以使用表格工具进行选择，方法是：单击表格中要选定行或列的任一单元格，选择"布局"选项卡中的"表"组中的"选择"下拉按钮，从下拉列表中确认选择行、列，或整个表格。

（1）增加表格的行或列

选择表格中的任一单元格，选择"布局"选项卡"行和列"组中的命令，可以在表格中插入整行或整列。选中行或列的数目是欲插入的行数或列数。

如果要在表尾处快速地增加几行，移动鼠标指针于表尾的最后一个单元格中，按 Tab 键，或移动鼠标指针于表尾的最后一个单元格外按 Enter 键，均可增加新的表行。

（2）删除表格、行、列或单元格

选定要删除的表格、行、列或单元格，选择"布局"选项卡"行和列"组中的"删除"下拉按钮中的选项，可删除指定的表格、行、列或单元格。

（3）合并或拆分单元格

合并单元格的方法是：选中要合并的单元格，单击"布局"选项卡"合并"组中的"合并单元格"按钮，可将一个表格中相邻的两个或多个单元格合并为一个单元格。

如果要拆分单元格，先选中该单元格，单击"布局"选项卡"合并"组中的"拆分单元格"按钮，在"拆分单元格"对话框中输入要拆分的行数和列数。

（4）移动表格或调整表格的大小

将鼠标指针移动到表格内，在表格的左上角和右下角会同时出现表格移动控点和表格缩放控点。拖动移动控点可将表格拖放到文档中任意处。若将表格拖动到文字中，文字就会环绕表格；将鼠标指针移到缩放控点上，当变为双向箭头时可将表格调整到所需要的大小。图 2.10 为移动或缩放表格示例图。

如果单击表格移动控点选中表格，用"复制"及"粘贴"命令可以复制表格到其他位置。

3. 格式化表格

表格的格式化是指对表格中字体、字号、对齐方式及边框和底纹的设置，以达到美化表格、使表格内容更加清晰的目的。Word 2010 提供了丰富的表格格式化的功能，单击表格后，一般在表格工具的"设计"或"布局"选项卡中即可快速完成格式化工作。

（1）表格文本的格式化

表格内文本的格式化包括字体、字号、对齐方式的设置。拖动选择表格中的单元格，选择"开始"选项卡中的字体、字号以及对齐方式按钮就可以设置表格中的基本文本格式。如果选定表格后，选择"布局"选项卡"对齐方式"组中的按钮可以设置更多的对齐形式。

（2）调整表格的行高和列宽

利用对话框精确调整：选中要调整的行或列，单击"表"组中的"属性"命令打开"表格属性"对话框，选择"行"或"列"选项卡，填写"指定高度"或"指定宽度"数值。如果需要表格具有相同的行高或列宽，选中要平均分布的行与列，单击"布局"选项卡，直接在"单元格大小"组中设置。

利用标尺粗略调整：单击表格任一单元格，将鼠标指针指向水平标尺的"移动表格列"或垂直标尺的"调整表格行"标记（如图 2.10 所示），当指针变为双向箭头时拖动即可。

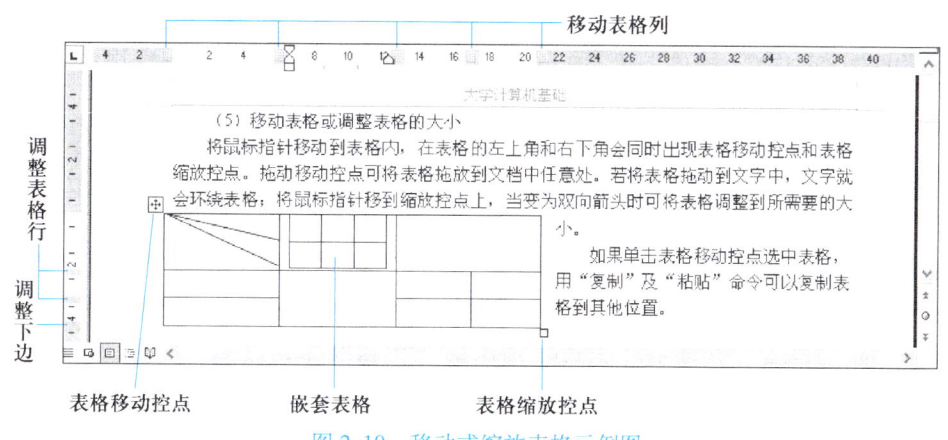

图 2.10　移动或缩放表格示例图

（3）设置表格边框和底纹

选中要设置边框和底纹的表格，切换到"设计"选项卡；单击"表格样式"组中的"边框"下拉箭头，选择"边框和底纹"命令，在弹出的"边框和底纹"对话框中选择"边框"或"底纹"选项卡进行设置。

2.2.2 表格中的其他操作

1. 表格中数据的计算

Word 提供了简单的表格计算功能，若需要进行比较复杂的表格计算，用 Excel 更为方便。Word 对表格中的单元格进行编号，规定表格中用字母 A、B、C……表示列标，用数字 1、2、3……表示行号。因此，表格中"A2"就表示第 A 列第 2 行的单元格。

下面以计算学生成绩平均分为例，叙述其操作过程。移动鼠标指针到要计算平均分的单元格 E2 上；选择"布局"选项卡"数据"组中的"公式"命令，弹出"公式"对话框，公式框中显示"=SUM(LEFT)"，默认对其左边数据求和。选择"粘贴函数"下拉箭头，将其改为"=AVERAGE(LEFT)"，如图 2.11 所示，单击"确定"按钮，则计算出该行数据的平均值（此处也可写为"=AVERAGE(B2:D2)"）。移动鼠标指针到本列下行 E3 及 E4，分别单击快速访问工具栏中的"重复公式"按钮即可算出其他学生的平均分，如图 2.12 所示。

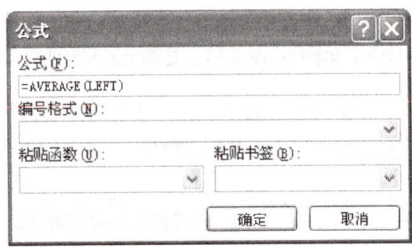
图 2.11 "公式"对话框

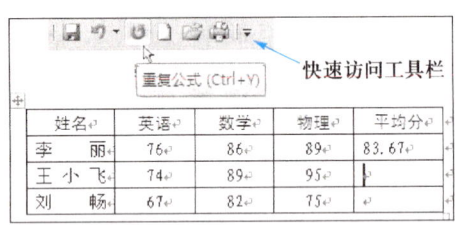
图 2.12 利用"重复公式"按钮计算其他数据

2. 表格中数据的排序

表格中最多可对 3 个关键字进行排序。移动鼠标指针到要排序的表格中；选择"布局"选项卡"数据"组中的"排序"命令；在弹出的"排序"对话框中选择排序依据和排序类型。

3. 表格与文本的相互转换

表格转换为文本是指将表格的线去掉，表格内容转变为文字。方法是：选定表格，单击"布局"选项卡"数据"组中的"转换为文本"按钮，出现"表格转换成文本"对话框，对话框中的文字分隔符分别表示用指定符号分隔数据。

文字转换为表格是将一组加了分隔符的文本转换成表格。方法是：选定要转换的文字或数据区域；单击"插入"选项卡"表格"组中的"表格"下拉按钮，选择"文本转换成表格"命令；出现"将文字转换成表格"对话框，对话框中文字分隔位置区的内容分别表示根据指定符号产生表格。

2.3 图文混排

在文章中插入图片、艺术字及其他图形对象，实现图文混排，可以使文档版面更加丰富多彩，增加文章的表现力。

2.3.1　插入和编辑图形对象

在文档中可以插入各种图形对象，如图片、剪贴画、形状等。这里的形状是指 Word 中一些预设的矢量图形对象，如线条、矩形、圆、星形和标注等。矢量图形的特点是可以随意放大或缩小而不会失真，非常适合于作为文档中的插图。

插入图形对象的方法是：选择"插入"选项卡，单击"插图"组中的相应按钮即可插入图片、剪贴画、形状等。

对于插入到文档中的图形对象，可以进行放大与缩小、移动或复制等编辑操作，还可以设置图形对象的文字环绕方式等。

在图 2.13 中，左侧显示了图片插入到文档中并设置四周型环绕的效果，右侧的图片是设置透明色后，通过"图片颜色选项"进行图片映像预设后的效果。

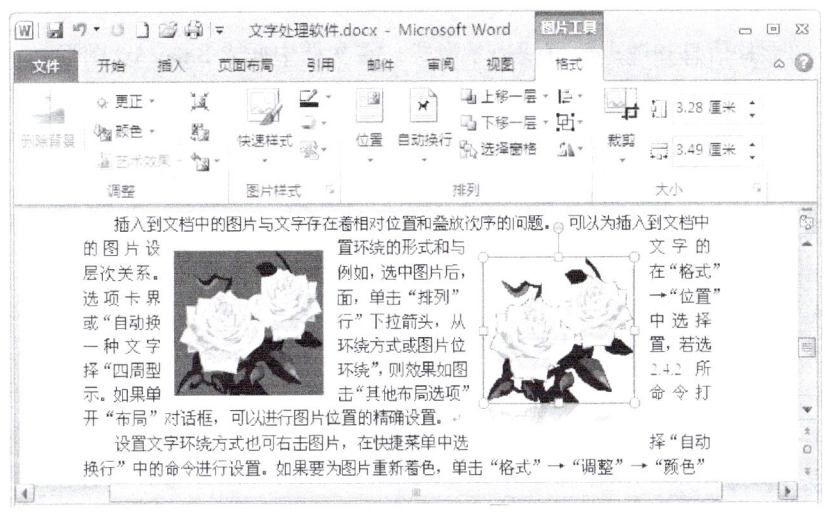

图 2.13　选中图片与文字环绕示例图

（1）图片的旋转与裁剪

被选中的图片上部有一个绿色圆点，如图 2.13 右侧图片的上部，当鼠标指针接近时会出现旋转标记，此时按住鼠标左键转动该标记会使图片自由旋转。如果要让图片按固定的方式旋转，可连续单击"格式"选项卡"排列"组中的"旋转"下拉按钮，选择相应的命令。

如果单击图片，选择"图片工具"之"格式"选项卡，单击"大小"组中的"裁剪"下拉按钮，选择"裁剪"命令，出现裁剪光标；移动鼠标指针到图片四周的控点上，向图片中心拖动即可裁剪图片。

（2）形状的绘制及多个形状的组合

在"插入"选项卡，单击"形状"按钮打开形状下拉列表，其中含有 8 种预设的形状。选择某种类型中的图形形状，在文档空白处拖动鼠标十字光标到一定的大小，释放鼠标按键，即可插入所选图形形状。如果对形状大小不满意，可用形状四周的控点进行调整。图 2.14 是用形状中的工具绘制的图形，在所绘制的图形框线内可以很方便地添加文字。

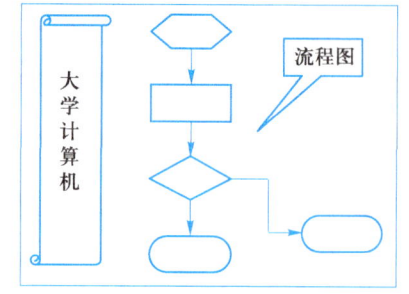

多个形状可以组合成一个对象。方法是：先选择一个形状，按住 Shift 键（或 Ctrl 键），再单击其他欲组合的形状；切换到"页面布局"选项卡，单击"排列"组中的"组合"下拉按钮，选择"组合"命令，则选择的图形形状成为一个整体。单击组合后的图形，可以通过拖曳边框线按比例缩放图形，也可以选中后进行整体移动。

图 2.14 用形状绘制图形示例

如果要取消组合，选中组合的图形；单击"排列"组中的"组合"下拉按钮，选择"取消组合"命令。

2.3.2 插入和编辑 SmartArt 图形

SmartArt 图形是信息和观点的可视表示形式。在文档中插入 SmartArt 图形，可以直观、生动地展现信息间的联系。SmartArt 图形包括列表、流程、循环、层次结构等多种类型。

在文档中插入 SmartArt 图形的方法是：定位插入点，单击"插入"选项卡"插图"组中的"SmartArt"按钮，在出现的"选择 SmartArt 图形"对话框左窗格中选择一种需要的类型，如"层次结构"，再从中间窗格中选择其子类别即可插入一个具有基本框架结构的层次结构图。

根据需要可以增加或删除其中的形状。要添加形状，右击该形状，从快捷菜单中打开"添加形状"列表，从中选择一个适合的选项。若要删除某个形状，单击选择后，按 Delete 键。

单击文本区可直接输入文字内容。也可以右击画布边框，从快捷菜单里选择"显示文本窗格"命令，在文本窗格占位符处输入文字内容。如图 2.15 所示为一种 SmartArt 图形应用示例。

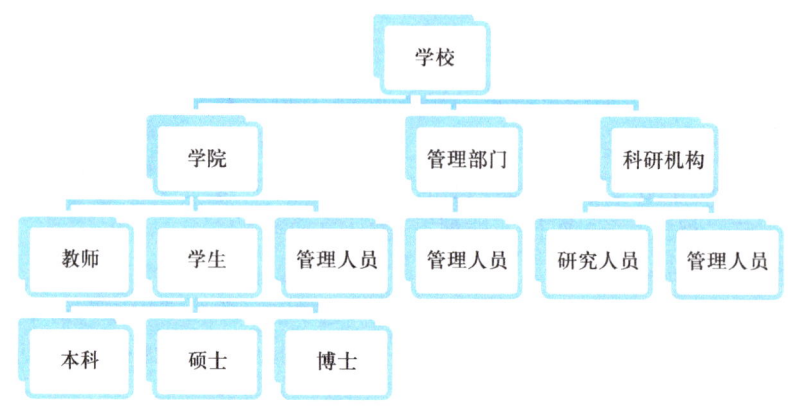

图 2.15 SmartArt 图形——层次结构图应用示例

2.3.3 文本中其他对象的插入和编辑

1. 插入艺术字

利用 Word 中的艺术字功能，可以制作出多样化的文本效果。选择"插入"选项卡，单击"文本"组中的"艺术字"命令，从列表中选择一种艺术字样式；在文本框中输入文字内容，如"大学计算机"，设置相应格式的效果如图 2.16 所示。

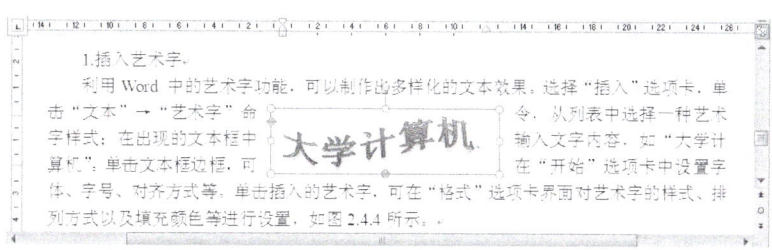

图 2.16　艺术字设置效果图

2. 使用文本框

文本框是进行图文混排的有用工具，分横排和竖排两种方式，主要用于在文档中建立特殊文本，如制作"文中标题""栏间标题"和"边标题"等，也可用于在图片中放置文字。

在"插入"选项卡中，单击"文本"组中的"文本框"下拉按钮，选择"绘制文本框"命令，在文档空白处拖动鼠标十字光标到一定的大小，释放鼠标按键可插入一个横排文本框。

使用文本框时应注意，文本框不能随着输入文本的增多而自动扩展，如果文本框不能容纳输入的文本，应拖动控制点放大文本框，也可改变文本字号。用鼠标拖动文本框四周的控制点，可调整文本框的大小。文本框环绕方式的设置同图形环绕设置相同。

3. 首字下沉

首字下沉是文章段落的第一个字符放大显示。采用首字下沉可以使段落更加醒目，使文章的版面别具一格，是一种特殊格式的设置。

设置首字下沉的方法：将插入点定位到欲首字下沉的段落；切换到"插入"选项卡，单击"文本"组中的"首字下沉"按钮，从其下拉列表框中选择"下沉"或"悬挂"选项，系统默认下沉或悬挂 3 行。如果要改变下沉或悬挂行数，选择"首字下沉选项"命令，在弹出的"首字下沉"对话框里设置位置、字体、下沉行数和距正文的距离。

若要取消首字下沉，只需在"首字下沉"下拉列表中选"无"即可。首字下沉效果如图 2.21 所示。

4. 插入公式

在撰写一篇论文或编排一份试卷时，往往要输入数学公式，尤其是有些复杂的公式中含有一些键盘上没有的符号，或要求公式中带有特殊格式时，用普通的输入方法无法完成，而用 Word 提供的公式编辑器可以很容易地解决这一问题。Word 2010 中的公式编辑器在其兼容模式下被禁用，只有在 Office 2010（或 2007）模式下才能调用。

使用公式编辑器的步骤是：单击"插入"选项卡"符号"组中的"公式"按钮，从下拉列表中选择"插入新公式"命令，再根据公式工具"设计"选项卡"结构"组和"符号"组中的按钮直接输入公式内容，如图 2.17 所示。

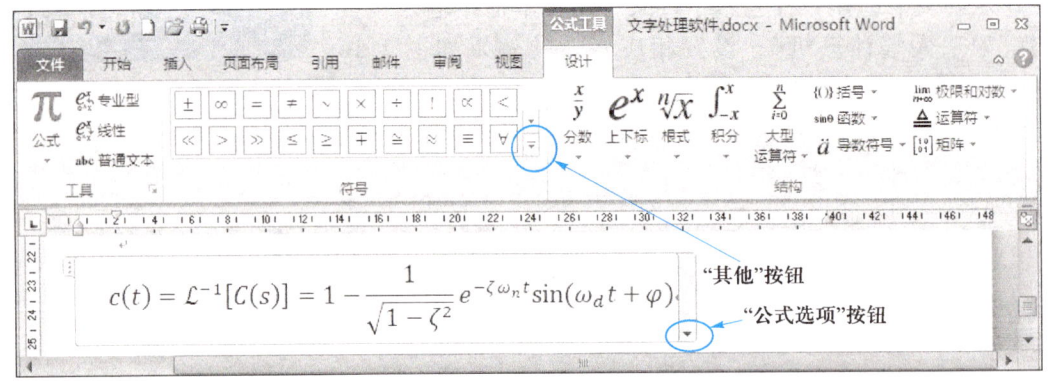

图 2.17 "公式工具"及输入公式示例图

公式模板通过"结构"组中的命令来选择；"符号"分为 8 类，单击"其他"按钮，显示符号列表，单击符号列表框标题即可选择符号类型。若要修改所编辑的公式，只需单击公式即可。

2.4 文档的审阅

文档编辑结束后，一般需要对文档进行校对、审查和修改，这就是文档的审阅。有时文档的编写者在听取别人的意见或建议时，并不希望他人将自己的文档修改得面目全非，只想知道哪些地方修改过。Word 系统中的批注和修订功能可以在批改的地方做出标记，并且允许作者根据情况接受或拒绝改动，为文档的审阅和修订带来极大的方便。

2.4.1 插入批注

给文档添加批注的方法是：打开一份需要审阅的文档，将鼠标指针定位到要加批注处，选择"审阅"选项卡，单击"批注"组中的"新建批注"按钮，则在选定文字处插入一个带有引用标记的批注。批注内容可在右侧页边距的批注框中输入，如图 2.18 所示。

默认状态下，批注引用标记由安装 Word 时输入的用户名缩写及批注序号组成。如果想改变审阅者的名字，选择"文件"→"选项"命令，打开"Word 选项"对话框，选择"常规"选项卡，在"用户名"文本框将原用户名改为新的用户名即可。用户名修改后，插入批注标记的底色会发生变化，这样可以区别不同审阅者所做的标记。插入批注后，可以在"审阅"选项卡的"批注"组中单击"上一条"或"下一条"按钮查阅批注。

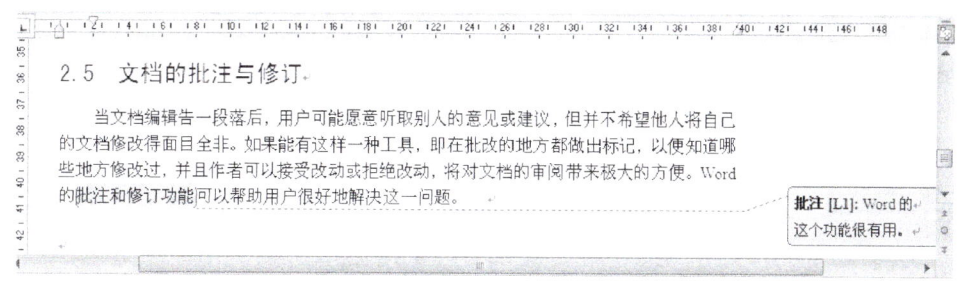

图 2.18　文档中添加批注标记示例图

如果要删除批注，右击批注标记，在出现的快捷菜单中选择"删除批注"命令。

2.4.2　修订文档

修订文档的方法是：打开准备修订的文档，选择"审阅"选项卡，单击"修订"组中的"修订"命令，进入文档的修订状态，此时便可以对文章的内容进行修改，如添加、删除或更改文字、对字体格式化等。

如果修订的内容可以直接引用，将鼠标指针定位在修订标记上，选择"审阅"选项卡，单击"更改"组的"接受"下拉按钮，选择"接受修订"命令；如果不想选用所做修订，则在"更改"组的"拒绝"列表框中做出选择。

如果要退出修订状态，再次选择"修订"组中的"修订"命令。

2.5　页面设置与打印

2.5.1　页面设置

页面能够反映文档的外观与打印的效果。页面设置包括页眉和页脚、页边距等的设置。

1. 插入页眉和页脚

页眉和页脚是指文档每页的顶端和底部输入的文字或页码等信息。设置方法如下。

选择"插入"选项卡，在"页眉和页脚"组中单击"页眉"或"页脚"按钮，选择一种样式，输入页眉和页脚内容。单击"页码"按钮即可选择页码的位置、对齐方式等项目，也可以设置页码格式及起始页码。

若需要奇偶页具有不同的页眉或页脚，设置奇数页页眉后，在页眉和页脚工具的"设计"选项卡"选项"组中选中"奇偶页不同"复选框；然后将鼠标指针移至偶数页，按上述方式输入偶数页页眉。图 2.19 显示页眉和页脚工具栏以及奇数页页眉的设置情况。

2. 页面设置

选择"页面布局"选项卡，在"页面设置"组中单击相应命令按钮，可进行页边距、纸张、文字方向等设置。此外，还可以进行插入分页符和分节符操作。

分页符是上一页结束以及下一页开始的位置。当文字或图形填满一页时，Word 会插入一

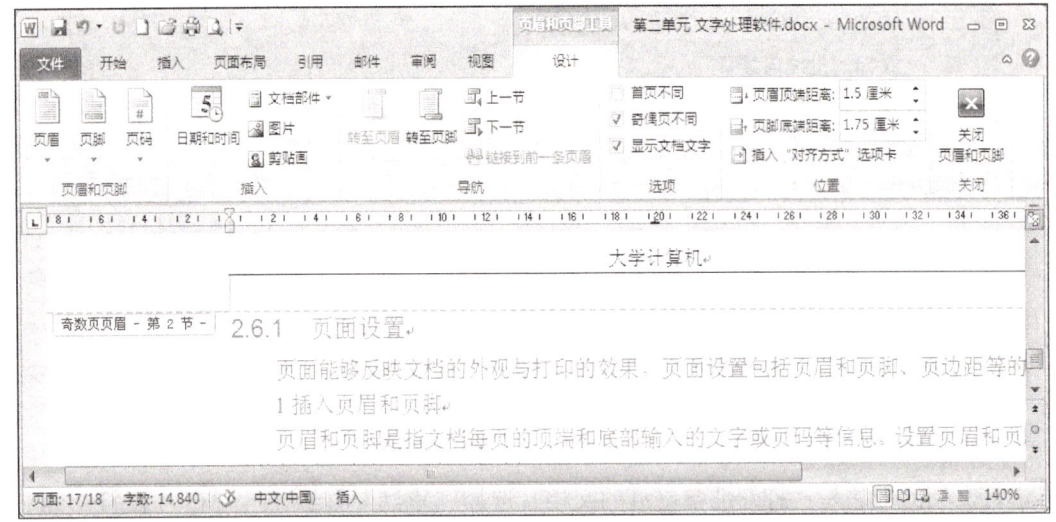

图 2.19　页眉和页脚工具栏、页眉设置示例图

个自动分页符并开始新的一页。如要在特定位置插入分页符，可单击"分隔符"按钮，从下拉列表中选择"分页符"即可完成手工分页。

一篇较长的文章往往有很多章节，若需要在不同的章节中设置不同的页眉或页脚，或设置不同的页边距，就要在相应位置插入分节符。方法是：单击"分隔符"按钮，从下拉列表中选择"分节符"中的相应选项。分节符可将文档分成几节，然后根据需要设置每节的格式。

3. 分栏

分栏就是将文章分几列排版，常用于论文、报纸及杂志的排版中。可以对整篇文章进行分栏操作，也可只对某个段落进行分栏。其方法是：选择要分栏的段落，切换到"页面布局"选项卡，单击"页面设置"组中的"分栏"按钮，在其下拉列表中选择要分的栏数。如果选择"更多分栏"，则将打开"分栏"对话框，如图 2.20 所示，按照所需设置即可。

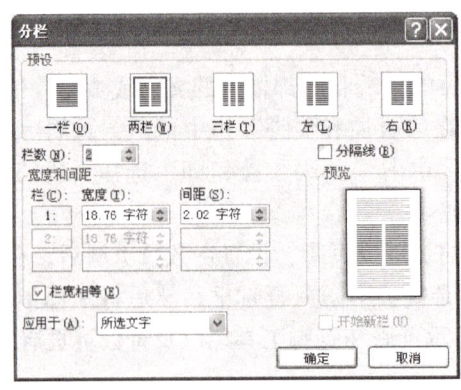

图 2.20　"分栏"对话框

若要取消分栏，选择已分栏的段落，单击"页面设置"组中的"分栏"按钮，在其下拉列表中选择"一栏"即可。

若需要在设置首字下沉同时还要分栏排版时，应先设置分栏，后设置首字下沉。分栏与首字下沉效果如图 2.21 所示。

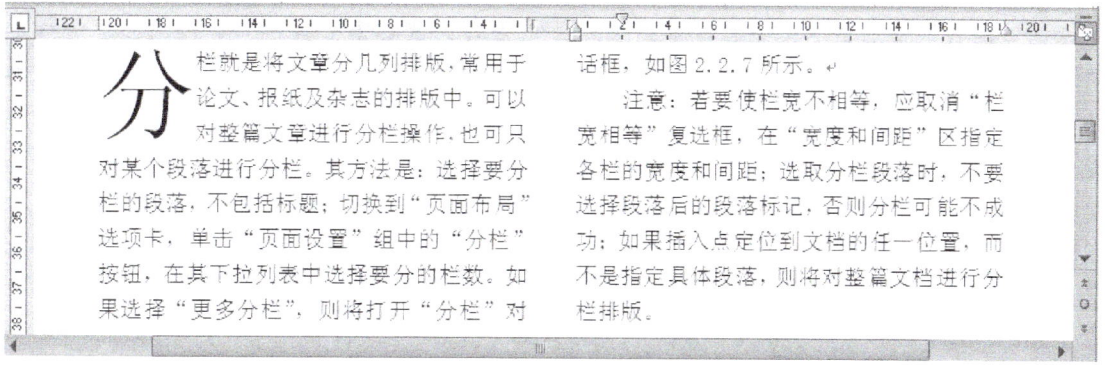

图 2.21　分栏与首字下沉效果图

2.5.2　文档的打印

选择"文件"→"打印"命令，屏幕显示"打印"对话框，其右边是"打印预览"窗口，可以查看每一页面设置的效果。按住显示比例移动块，可放大、缩小文档的显示。左边窗口可以设置打印的范围，如打印全部文档、当前页或指定页码范围；选择所用打印机的名称；确定单面、双面打印或手动双面打印；选择打印的份数等相关设置。

第二部分　实　验　项　目

实验一　Word 文档的建立与编辑

一、实验目的

① 熟悉 Microsoft Word 2010 的窗口界面。
② 掌握文档的建立、保存与打开的操作方法。
③ 掌握文档的基本编辑方法，包括插入、修改、删除、复制、移动、查找与替换等操作。
④ 了解文档的不同显示方式。

二、实验内容

1. 输入内容

输入以下内容，要求段首不加空格，每行的末尾不加 Enter 键，一个段落结束时再按 Enter 键。

丁香聚首，飞樱满地。十九岁的时候，意气昂扬，跋山涉水来到大工，从此便能看见蔚蓝的天空与大海连成一片，能闻到清新的空气中丁香与蔷薇争奇斗艳所散发的香味。在飘满雪的冬天，手牵手小心翼翼地走在落着雪的校园，然后在阳光下扬一脸灿烂的笑容。成长的青春季节，依然一脸干净单纯，欣赏着生活中各式各样的风景。就着那些究竟是芙蓉还是合欢的问题不停地无谓争论，想起那是最后一段校园生活，最后一道纯真封锁线，于是倍加珍惜。

很多人都很害怕回忆，因为回忆伤人！但是，世上没有人愿意放掉回忆。每个人的生命中，总是有一些她想深刻记住的风景。也许是烛光下年轻而专注的脸，也许是树荫下那洒下的点点阳光。因为曾经心动，所以不肯放弃。你的回忆中有那样的风景吗？

2. 保存文件

以文件名"练习 1.docx"、文件类型为"Word 文档"，保存在"Word 练习"文件夹中，然后关闭并退出 Word 程序。

【操作方法】

① 选择"开始"→"所有程序"→"Microsoft Office"→"Microsoft Word 2010"选项，打开 Word 字处理窗口。

② 在页面视图下，选择一种中文输入方法，在编辑区中输入上述文字内容。

③ 内容输入完毕后，选择"文件"→"保存"命令，或者直接单击快速访问工具栏中的"保存"按钮，将文件保存在指定的位置（如 D 盘的"Word 练习"文件夹内，若此文件夹不存在，可在"另存为"对话框中创建该文件夹），主文件名为"练习 1"，文件的保存类型选择"Word 文档"。

④ 选择"文件"→"退出"命令，即可退出 Word。或可直接单击窗口右上角的"关闭"按钮退出 Word。

3. 文档的编辑操作

打开所建立的文件"练习 1.docx"，完成下面的编辑操作。

① 在文本前插入标题：记忆中的那段风景。

② 在文本的最后，另起一段输入下面内容。

总是在离开了之后才想到留恋，纵是万般不愿，然终究要孤蓬万里征。存档在记忆中的是春夏秋冬不断循环却始终改变的那段风景。很多年以后的今天，也许就会在灯下想起那段无暇的校园生活，那个水晶帘动微风起，满架蔷薇一院香的菁菁校园。

③ 修改文档中的输入错误，练习文本的选定、修改、插入、删除操作。

④ 将文档中的"回忆"两字替换为"记忆"。

⑤ 将第 3 段移动到第 2 段前面。

⑥ 将第 3 段的最后一句"你的记忆中有那样的风景吗？"另起一段排版。

⑦ 以原文件名保存文档在"Word 练习"文件夹下。

【操作方法】

① 通过"计算机"或"Windows 资源管理器"找到文件"练习 1.docx",双击该文件,启动 Word 并打开此文档。

② 将鼠标指针移至文档首行行首并单击,使插入点切换到文档的起始位置,按 Enter 键,这样就在文档的首行前插入了一空行。

③ 将插入点切换到空行行首,输入标题"记忆中的那段风景"。

④ 在原有文本的最后按 Enter 键,将插入点切换至原有文本的下一行,按要求输入新增的一段文字。

⑤ 通过"选定""复制""移动""删除""剪切"等基本操作,修改文中的错误。

"选定"操作:在要选定的字符前单击并按住鼠标左键拖动。

"复制"操作:选定字符后,单击"开始"选项卡"剪贴板"组中的"复制"按钮,再将光标切换到目标位置,然后进行"粘贴"即可。此外,也可将鼠标光标指向选中的部分,同时按住 Ctrl 键和鼠标左键将选中的文字复制到指定的位置。

"剪切"操作:选定字符后,选择"开始"选项卡"剪贴板"组中的"剪切"按钮,或直接按 Delete 键,则可删除选定的字符。

"移动"操作:选定字符后,执行"剪切"操作,然后,再在目标位置处进行"粘贴"。此外,也可将鼠标指向选中的部分,按住鼠标左键将其拖动到目标位置。

对于这些基本编辑操作,均需先选定内容,然后才能进行其他各种操作。

此外,这些操作也可以通过右击,从弹出的快捷菜单中选择相应命令来实现。

⑥ 单击"开始"选项卡"编辑"组中的"替换"按钮,在弹出的"查找和替换"对话框中,选择"替换"选项卡,输入查找内容"回忆"及要替换的内容"记忆",然后单击"全部替换"按钮即可,如图 2.22 所示。

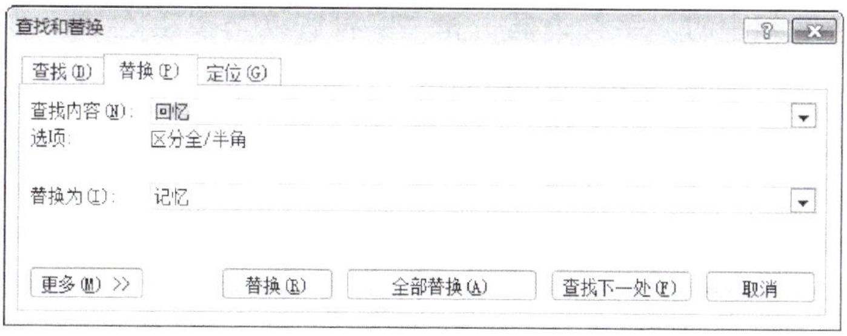

图 2.22 "查找和替换"对话框

⑦ 选中第 3 段后进行"剪切"操作,然后在第 2 段段首单击,在光标处进行"粘贴"即可。或者直接选中第 3 段,按住鼠标左键拖动到第 2 段段首。

⑧ 在文档内容"你的记忆中有那样的风景吗?"前单击,按 Enter 键,使其另成一段。

⑨ 选择"文件"→"保存"命令,或单击快速访问工具栏中的"保存"按钮,即可将修改后的文件以原名保存在原文件夹中。

若想另存为一个不同名字的文档或更换保存的位置,则要选择"文件"→"另存为"命令来实现。

实验二　文档的排版与打印

一、实验目的
① 掌握字符、段落的格式化方法。
② 掌握项目符号的设置方法。
③ 掌握文章分栏排版的方法。
④ 掌握页眉、页脚、页码的设置方法。

二、实验内容

1. 设置标题
设置"练习 1.docx"文档的标题"记忆中的那段风景"为二号、方正舒体，居中对齐，并为标题设置边框和底纹。

【操作方法】

① 选中标题"记忆中的那段风景"，单击"开始"选项卡"字体"组中的"字体"下拉列表框，选择"方正舒体"。

② 在"字号"下拉列表框中，选择"二号"。

字体、字号的设置，也可通过浮动工具栏设置或快捷菜单设置；还可以通过打开"开始"选项卡下的"字体"对话框进行设置。

③ 单击"段落"组中的"居中"按钮，使标题居中对齐。

④ 单击"字体"组中的"字符边框"和"字符底纹"按钮，设置标题的边框和底纹。

2. 设置正文字体
设置文章内容的中文字体为小四号、仿宋体。

【操作方法】 选中文章的内容，利用浮动工具栏，在"字体"和"字号"下拉列表框中，分别选择"仿宋""小四号"。

3. 设置首行缩进、段落间距和行间距
设置每段正文首行缩进 2 个字符；段落间距为 3 磅，行间距为 1.5 倍行距。

【操作方法】

① 选中文章的内容，右击，在弹出的快捷菜单中选择"段落"命令，打开"段落"设置对话框。

② 在"缩进和间距"选项卡中进行设置，将"特殊格式"设为"首行缩进"、"磅值"设为"2 字符"，间距"段前"设为 3 磅、"行距"设为 1.5 倍行距。

4. 设置文档排版格式
设置文档第 1、2 段分三栏排版，并设置分隔线，栏间距为 1 字符。

【操作方法】
① 选中文档的第 1、2 段，选择"页面布局"选项卡下"页面设置"组的"分栏"，打开"更多分栏"对话框。
② 在对话框中预选"三栏"、"宽度和间距"中"间距"设为"1 字符"，选中"分隔线"复选框。

5. 文字加着重号
将第 4 段加上着重号。
【操作方法】
① 选中第 4 段，右击，在弹出的快捷菜单中的选择"字体"命令，打开"字体"设置对话框。
② 选择"字体"选项卡，设置"所有文字"的"着重号"为"．"即可。

6. 设置项目符号
为最后一段设置蓝色项目符号"📖"。
【操作方法】
① 单击最后一段段首处，将插入点移至本段的起始位置，选择右键快捷菜单中的"项目符号"，可通过"定义新项目符号"，选择需要的符号。
② 选中📖符号，单击"字体颜色"按钮，设置为蓝色。

7. 设置页眉、页码
为文档加上页眉，奇数页眉为：记忆中的那段风景；偶数页眉为：Word 字处理。为文档插入页码，格式为"-页码-"。
【操作方法】
① 双击文档页面的顶部，打开页眉和页脚工具。
② 选中"奇偶页不同"复选框；在奇数页的页眉处，输入内容"记忆中的那段风景"；单击偶数页眉，输入"Word 字处理"。
③ 单击"转至页脚"按钮，单击"页码"下的"设置页码格式"，设为"-1-"格式。
④ 单击"页码"下的"页面底端"，选择一种样式。
操作结果参考示例如图 2.23 所示。

三、练习
对给定的文字（荷塘月色.docx）进行如下操作，最终操作效果如图 2.24 所示。

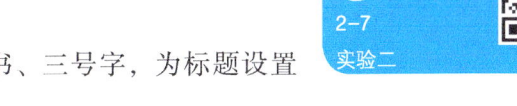

1. 设置标题"荷塘月色"为隶书、三号字，为标题设置波浪线边框和蓝色底纹并居中。
2. 设置文章正文文本为小四号、楷体，字符间距为 0.3 磅。
3. 设置每段正文首行缩进 2 字符；设置段前间距 4 磅、行间距为 1.5 倍行距。
4. 设置文档第 2、3、4 段分两栏偏左排版，两栏间距为 2 字符，并加"分隔线"。
5. 将最后一段的文字"采莲南塘秋，莲花过人头；低头弄莲子，莲子清如水。"加上绿色的波浪线。
6. 为该文档设置页眉"朱自清《荷塘月色》"，页脚处设置页码并居中显示。

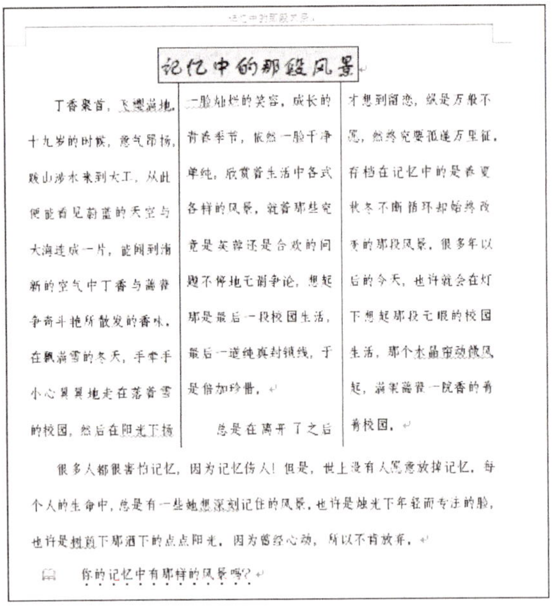

记忆中的那段风景

记忆中的那段风景

丁香聚首，飞樱满地，十九岁的时候，意气昂扬，跋山涉水来到大工，从此便能看见蔚蓝的天空与大海连成一片，能闻到清新的空气中丁香与蔷薇争奇斗艳所散发的香味，在飘满雪的冬天，手牵手小心翼翼地走在落着雪的校园，然后在阳光下扬一脸灿烂的笑容，成长的青春季节，依然一脸干净单纯，欣赏着生活中各式各样的风景，就着那些究竟是笑蓉还是合欢的问题不停地无谓争论，想起那是最后一段校园生活，最后一道纯真封锁线，于是倍加珍惜。

总是在离开了之后才想到留恋，纵是万般不愿，然终究要孤逸万里征，有档在记忆中的是春夏秋冬不断循环却始终改变的那段风景，很多年以后的今天，也许就会在灯下想起那段无眼的校园生活，那个水晶帘动微风起，满架蔷薇一院香的青青校园。

很多人都很害怕记忆，因为记忆伤人！但是，世上没有人愿意放掉记忆，每个人的生命中，总是有一些她想深刻记住的风景，也许是烛光下年轻而专注的脸，也许是树荫下那洒下的点点阳光，因为曾经心动，所以不肯放弃。

你的记忆中有那样的风景吗？

图 2.23　操作示例

7. 在该文档末端另起一行，任意复制一段文字，练习“项目符号和编号”的操作，符号设为“🖰”。

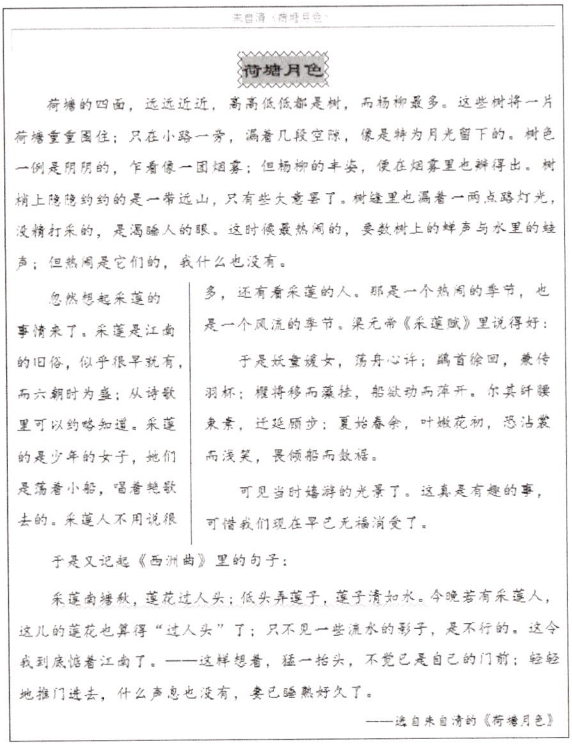

朱自清《荷塘月色》

荷塘月色

荷塘的四面，远远近近，高高低低都是树，而杨柳最多。这些树将一片荷塘重重围住；只在小路一旁，漏着几段空隙，像是特为月光留下的。树色一例是阴阴的，乍看像一团烟雾；但杨柳的丰姿，便在烟雾里也辨得出。树梢上隐隐约约的是一带远山，只有些大意罢了。树缝里也漏着一两点路灯光，没精打采的，是渴睡人的眼。这时候最热闹的，要数树上的蝉声与水里的蛙声；但热闹是它们的，我什么也没有。

忽然想起采莲的事情来了。采莲是江南的旧俗，似乎很早就有，而六朝时为盛；从诗歌里可以约略知道。采莲的是少年的女子，她们是荡着小船，唱着艳歌去的。采莲人不用说很多，还有看采莲的人。那是一个热闹的季节，也是一个风流的季节。梁元帝《采莲赋》里说得好：

于是妖童媛女，荡舟心许；鹢首徐回，兼传羽杯；棹将移而藻挂，船欲动而萍开。尔其纤腰束素，迁延顾步；夏始春余，叶嫩花初，恐沾裳而浅笑，畏倾船而敛裾。

可见当时嬉游的光景了。这真是有趣的事，可惜我们现在早已无福消受了。

于是又记起《西洲曲》里的句子：

采莲南塘秋，莲花过人头；低头弄莲子，莲子清如水。今晚若有采莲人，这儿的莲花也算得“过人头”了；只不见一些流水的影子，是不行的。这令我到底惦着江南了。——这样想着，猛一抬头，不觉已是自己的门前；轻轻地推门进去，什么声息也没有，妻已睡熟好久了。

——选自朱自清的《荷塘月色》

图 2.24　操作效果

实验三　表格的建立与编辑

一、实验目的
① 掌握 Word 表格的建立方法。
② 掌握表格工具栏的使用方法。
③ 掌握表格的编辑方法。
④ 掌握表格的格式化方法。
⑤ 掌握表格的计算与排序方法。

二、实验内容

1. 在 Word 中建立表格
建立一张学生成绩表，要求输入姓名及 4 门课程的成绩，如表 2.2 所示。

【操作方法】
① 单击"插入"选项卡中的"表格"工具，选择 5×4 表格（5 列 4 行表格）。
② 单击单元格，在表格中依次输入相应的内容，并设置字号为五号。

表 2.2　成　绩　表

姓　　名	高 等 数 学	大 学 物 理	英　　语	计算机文化
张澜	85	71	86	80
王大力	90	85	82	85
吴小明	88	81	74	90

2. 添加列
在表格的右侧增加一个"总分"列。

【操作方法】
① 单击表格最后一列任一单元格，选择"表格工具|布局"选项卡，单击"行和列"组中的"在右侧插入"按钮，即可在光标所在列的右侧插入一列。
② 在新插入一列的第一行单元格中输入"总分"。

3. 添加行
在表格的第一行上面增加一标题行，输入标题"2015 级学生成绩表"，文字为小三号黑体，并且水平居中。

【操作方法】
① 单击表格第一行的任意单元格，选择"表格工具|布局"选项卡，单击"行和列"组中的"在上方插入"按钮，即可在光标所在行的上方插入一行。
② 单击表格第一行的左侧，即可选中第一行的 6 个单元格，然后右击，从弹出的快捷菜单中选择"合并单元格"命令。

③ 右击该单元格，从浮动工具栏中设置字体为"黑体"、字号为"小三号"，然后输入"2015 级学生成绩表"。

④ 选中该单元格，从弹出的快捷菜单中选择"单元格对齐方向"命令中的"居中"显示图标。

4. 设置表格

设置表格除标题外的其余各行行高为 24 磅，文字居中底端对齐。

【操作方法】

① 选中除标题外的其余各行，在"表格工具｜布局"选项卡"单元格大小"组的"行高"文本框中输入 24 磅。

② 在"表格工具｜布局"选项卡，选择"对齐方式"组中的"居中底端对齐"显示图标。

注意：表格的行高、列宽显示的单位可以是厘米、毫米或磅等，若要更改度量单位，可选择"文件"→"选项"命令，在打开的对话框中，通过"高级"选项卡进行度量单位设置。

5. 计算和排序

计算表中各学生的总分，并按总分由低到高排列。

① 单击单元格 F3（即第 3 行第 6 列），选择"布局"选项卡"数据"组中的"公式"按钮，打开"公式"对话框。

② 在"公式"对话框中，选择"粘贴函数"下的"SUM"函数（如图 2.25 所示），即可求出"张澜"的总分。此外，还可以在"公式"一栏中，直接输入"=B3+C3+D3+E3"来计算。

需要注意的是：公式或函数计算必须以"="开始，且在英文状态下输入。

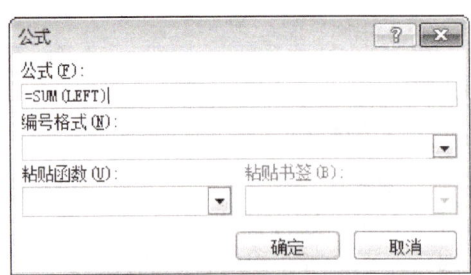

图 2.25　用"粘贴函数"计算

其他学生的总分计算重复上述步骤。

③ 选中要排序的总分列，单击"数据"组中的"排序"按钮。

④ 在打开的"排序"对话框中，选中"列表"选项组中的"有标题行"单选按钮，"主要关键字"选为"总分"，按升序排列，"次要关键字"根据需要设定，如图 2.26 所示。

6. 设置边框

设置表格的外边框线宽度为 2.25 磅、内框线宽度为 1 磅的实线。

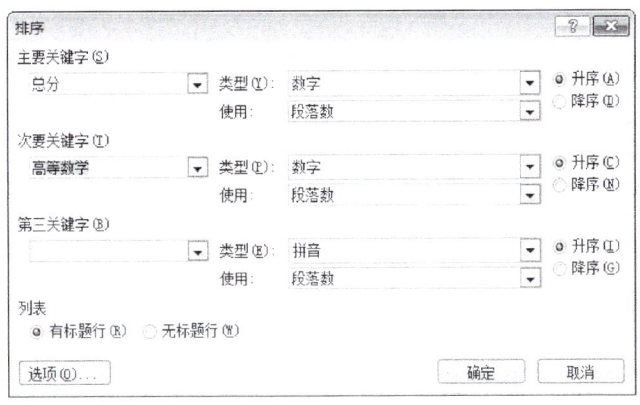

图 2.26 "排序"对话框

【操作方法】

① 选中表格,在"表格工具|设计"选项卡下的"绘图边框"组中,选择"实线";粗细选择 2.25 磅;单击"边框"下拉箭头,选择"外侧框线",设置好外边框线。

② 在"绘图边框"组中,选择线宽 1 磅,单击"边框"下拉箭头,选择"内部框线"。

7. 保存文件

以"表格练习"作为文件名,保存在"Word 练习"文件夹中。完成后的效果如图 2.27 所示。

2015 级学生成绩表				
姓 名	高等数学	大学物理	英语	计算机文化	总分
张澜	85	71	86	80	322
吴小明	88	81	74	90	333
王大力	90	85	82	85	342

图 2.27 完成后的结果

三、练习

1. 建立如表 2.3 所示的学生成绩表,计算平均成绩,并按平均成绩降序排列。完成后的结果如图 2.28 所示的三线表形式。

表 2.3 学生成绩表

2015 级 01 班部分学生成绩表				
姓　　名	线 性 代 数	英　语	大 学 物 理	平 均 成 绩
王小楠	77	80	82	
张玲玲	84	82	88	
齐天明	88	78	90	

要求:

① 标题字体为仿宋、字号为四号,其余字体为楷体、字号为小四号,对齐方式为"水平

居中"。

② 用表格工具提供的公式，计算每位同学的平均成绩，保留 1 位小数；按平均成绩降序排列。

③ 表格设为三线表形式，线宽设置为 1.5 磅。

2015级01班部分学生成绩表				
姓 名	线性代数	英语	大学物理	平均成绩
乔天明	88	78	90	85.3
张玲玲	84	82	88	84.7
王小楠	77	80	82	79.7

图 2.28　完成后的学生成绩表

2. 设计一份课程表，如图 2.29 所示。

课程表

星期 节次	一	二	三	四	五
1	结构动力学	弹性力学	有限元程序设计	结构动力学	土力学
2					
3	科技英语	土力学	钢筋混凝土结构	弹性力学	有限元程序设计
4					
5	土力学实验	海岸动力学	结构力学	工程经济与管理	海岸动力学
6					
7	钢结构	建筑初步		钢结构	软基处理
8					

图 2.29　课程表操作示例

要求：

① "课程表"为隶书小二号字，居中对齐；其余文本为宋体、五号字，居中显示。

② 外框线为双线 1.5 磅，内框线为 1 磅；4、5 节之间的分隔线为粗实线 1.5 磅。

实验四　图文混排

一、实验目的

① 掌握 Word 中图片的插入方法。

② 掌握图片工具的使用方法。

③ 掌握图片环绕及冲蚀效果的制作方法。

④ 掌握艺术字的建立方法。

⑤ 掌握文本框制作小标题的方法。

⑥ 掌握公式的输入方法。

二、实验内容

1. 插入剪贴画和文本框

以"练习1.docx"为例插入剪贴画，图片设置为冲蚀效果并置于文字之下。为文档插入竖排文本框，并在文本框中输入小标题"记忆"。

【操作方法】

① 单击"插入"选项卡"插图"组中的"剪贴画"按钮，打开"插入剪贴画"窗格。例如，搜索建筑物，找到合适的图片后单击所选图片的下拉箭头，选择"插入"命令。

② 选中插入的图片，在"图片工具|格式"选项卡中，单击"颜色"下拉箭头，选择"冲蚀"图标，则图片变为水印效果。

③ 单击"排列"下的"自动换行"下拉箭头，选择"衬于文字下方"，移动图片至适当位置。

④ 单击"插入"选项卡"文本"组中的"文本框"下拉按钮，选择"绘制竖排文本框"命令，移动鼠标到指定位置，单击并按住拖动至合适大小，插入一个竖排的文本框。

⑤ 将插入点切换到文本框内，输入文本内容"记忆"。

⑥ 右击文本框，从弹出的快捷菜单中选择"其他布局选项"命令，打开"布局"对话框，在"文字环绕"选项卡中选择"紧密型"环绕方式。

注意：插入文本框时，有可能同时启动了"绘图画布"，这时可以在其中创建合适大小的文本框，然后调整画布大小以适合文本框的尺寸。如果不希望插入文本框时启动"绘图画布"，可选择"文件"→"选项"命令，在打开的对话框的"高级"选项卡中取消"插入自选图形时自动创建绘图画布"复选框选中状态。

2. 将标题设置为艺术字

【操作方法】

① 单击文档的首行，选择"插入"选项卡中的"文本"组，单击"艺术字"。

② 单击任一艺术字样式，然后输入"记忆中的那段风景"。

③ 单击艺术字文本中的任意位置，在"绘图工具|格式"选项卡上，单击"文字效果"，根据需要选择"映像"及"转换"下的某种样式。

完成后的结果如图2.30所示。

3. 输入公式

输入如下公式：

$$\int_0^x f(t)\,\mathrm{d}t = \sum_{n=0}^{\infty} \frac{a_n}{n+1} x^{n+1}$$

【操作方法】

① 选择"插入"选项卡"符号"组下的"公式"命令，"插入新公式"以启动公式编辑器。

② 在"公式工具|设计"选项卡中，选择公式所需的各种结构与符号，进行公式录入。

③ 输入完毕后，单击编辑框外任意处退出公式编辑状态。

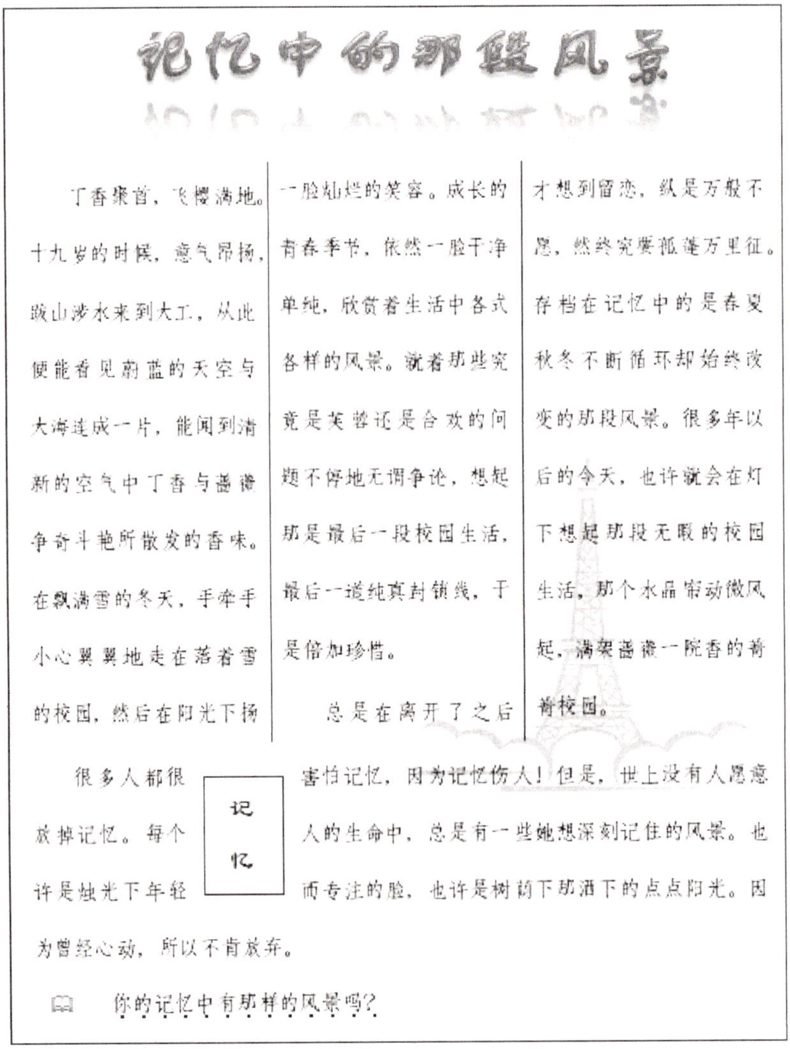

记忆中的那段风景

丁香聚首，飞樱满地。十九岁的时候，意气昂扬，跋山涉水来到大工，从此便能看见蔚蓝的天空与大海连成一片，能闻到清新的空气中丁香与蔷薇争奇斗艳所散发的香味。在飘满雪的冬天，手牵手小心翼翼地走在落着雪的校园，然后在阳光下扬一脸灿烂的笑容。成长的青春季节，依然一脸干净单纯，欣赏着生活中各式各样的风景。就着那些究竟是芙蓉还是合欢的问题不停地无谓争论，想起那是最后一段校园生活，最后一道纯真封锁线，于是倍加珍惜。

总是在离开了之后才想到留恋，纵是万般不愿，然终究要孤蓬万里征。存档在记忆中的是春夏秋冬不断循环却始终改变的那段风景。很多年以后的今天，也许就会在灯下想起那段无暇的校园生活，那个水晶宫动微风起，满架蔷薇一院香的青青校园。

记忆

很多人都很害怕记忆，因为记忆伤人！但是，世上没有人愿意放掉记忆。每个人的生命中，总是有一些她想深刻记住的风景。也许是烛光下年轻而专注的脸，也许是树荫下那洒下的点点阳光。因为曾经心动，所以不肯放弃。

你的记忆中有那样的风景吗？

图 2.30　操作结果

三、练习

1. 为“习题 1. docx”插入一张图片，图片颜色重新着色为冲蚀效果，图片边缘设为“柔化边缘椭圆”，图片置于文字下方。

2. 设置首字下沉，下沉行数为 2 行。

3. 删去原标题，插入艺术字标题。

操作完成后的结果如图 2.31 所示。

4. 输入如下公式：

$$A = \iint_{Dxy} \sqrt{1 + \left(\frac{\partial z}{\partial x}\right)^2 + \left(\frac{\partial z}{\partial y}\right)^2}\, \mathrm{d}x\mathrm{d}y$$

5. 绘制如图 2.32 所示的流程图及 SmartArt 图形

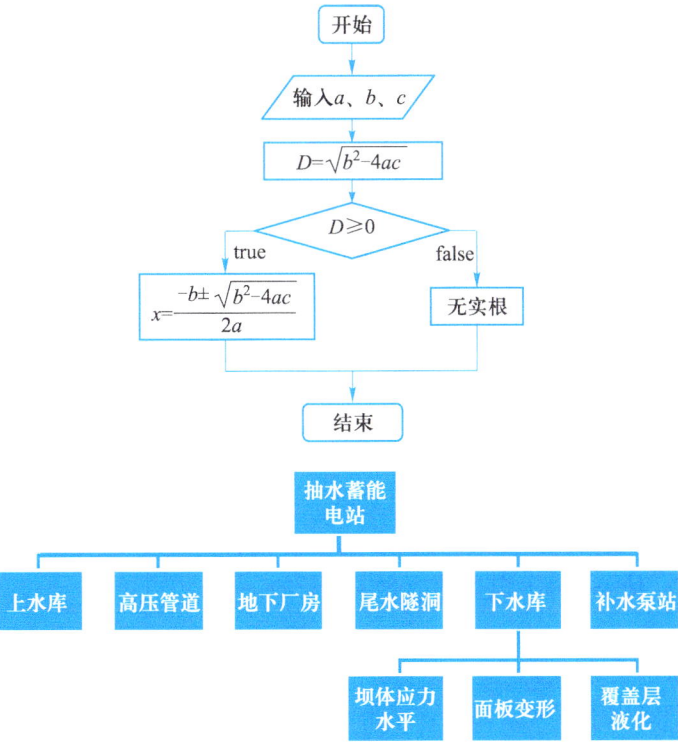

图 2.31　操作结果参考示例

图 2.32　程序流程图及 SmartArt 图形

实验五　综合实验

一、实验目的
① 掌握样式的创建、修改和应用。
② 掌握目录和图表目录的制作和更新。
③ 掌握"分节符""分页符"的使用和用途、同一篇文档中多组页码的设置以及页眉页脚的设置。
④ 掌握页面的设置。
⑤ 熟练掌握图片、公式的混排。

二、实验内容

1. 创建标题及正文样式

创建各级标题及正文样式，并应用于文档相应部分。

例如，将图 2.33 所示文档中（给定文档内容）的"目录""图表目录""第一章 前言""第二章 静力计算模型"设置为标题 1，样式为黑体、加粗、四号字、居中显示、单倍行距、段前段后均为 0 行、大纲级别为 1 级；文中"1.1""1.2""1.3""2.1"项，设置为标题 2，样式为黑体、加粗、小四号字、左对齐、段前段后均为 0 行、大纲级别为 2 级；正文设置为宋体、小四号字、常规显示、首行缩进 2 字符、两端对齐、段前段后均为 0 行、大纲级别为正文文本。

【操作方法】

① 在"开始"选项卡"样式"组中，单击"样式"下拉箭头，选择"标题 1"快捷菜单中的"修改"命令，在弹出"修改样式"对话框中进行字体、字号、居中设置。

② 单击该对话框中的"格式"按钮，选择"段落"命令，在"段落"对话框中进行"行距、段前段后、大纲级别"的设置。

③ 按上述两步骤再分别对"标题 2"和"正文"的样式进行相应设置。

④ 样式设置完毕，选中文档中"目录""图表目录""第一章 前言""第二章 静力计算模型"，单击"标题 1"样式。其余相应部分也同样设置。

2. 分页与分节

（1）分页

例如，文档中的"目录""图表目录""第一章 前言"及其所有的内容都另起一页，并在第一章前设置分节，使第一章及其后的内容成为新的一节。

【操作方法】

① 单击要开始新页的位置。
② 在"插入"选项卡"页"组中，单击"分页"命令。

目录

图表目录

第1章 前 言

1.1 工程概况

某抽水蓄能电站总装机容量为1200MW，安装四台单机容量为300MW单级混流可逆式水泵水轮机机组，在电网中承担调峰填谷、调相、事故备用的任务。本枢纽工程为一等工程，工程规模属大（Ⅰ）型。由上水库、高压管道、地下厂房、尾水隧洞、下水库、补水泵站等建筑物组成。

鉴于下水库主坝填筑体约百米之高，坝下覆盖层基础又成因复杂，在7度地震工况作用下，坝体及覆盖层基础的动力反应如何，覆盖层是否产生液化，大坝的应力水平、面板的变形情况如何，应是下水库面板堆石坝设计的一个重要任务。

1.2 研究目的

为了了解下水库工程在地震作用下的安全性并验证所采取的工程措施的合理性，需计算下水库坝体及覆盖层基础在地震影响下的整体稳定性和应力变形，以验证下水库布置及坝体结构的合理性、可靠性，确保工程安全和正常运行。

1.3 工作内容

根据该抽水蓄能电站下水库坝体的横、剖和总体图，利用大型有限元通用软件，对水库面板堆石坝进行三维有限元网格剖分；利用三维非线性有限元程序进行静力分析，得出了坝体在竣工期、蓄水期二种工况条件下坝体不同剖面及面板的变形和应力；用三维非线性有限元动力分析程序对坝体和坝基覆盖层基础进行了动力分析，并针对本工程的施工和设计过程提出了一些合理化的建议。

第2章 静力计算模型

2.1 堆石体计算模型

目前在进行土石坝工程有限元数值分析中，堆石体的本构关系一般采用非线性弹性模型，如修正的邓肯-张 E-μ 模型、E-B 模型以及内勒的 K-G 模型等。由于上述模型不能反映堆石体较为明显的剪缩性与内力引起的各向异性，因此计算得到的坝体变形常常与实测结果不完全相符。

针对上述应力应变模型中存在的问题，沈珠江提出了一个用塑性取代传统硬化参数的双屈服面土体弹塑性模型。发生收缩时的 $(\sigma_1-\sigma_3)_d$ 与极限值 $(\sigma_1-\sigma_3)_{ult}$ 之比，见图2.1所示。

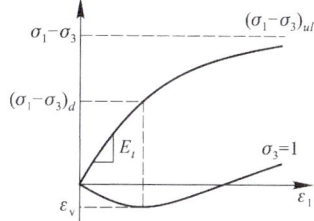

该模型采用下列屈服面，见图2.2。

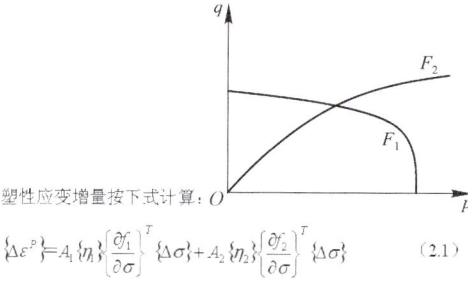

塑性应变增量按下式计算：

$$\{\Delta \varepsilon^P\} = A_1\{\eta_1\}\left\{\frac{\partial f_1}{\partial \sigma}\right\}^T \{\Delta \sigma\} + A_2\{\eta_2\}\left\{\frac{\partial f_2}{\partial \sigma}\right\}^T \{\Delta \sigma\} \qquad (2.1)$$

图2.33 综合实验文档

（2）分节

使用分节符改变文档中一个或多个页面的版式或格式，也可以为文档的某节创建不同的页眉或页脚。

【操作方法】

① 单击要进行分节的位置。

② 在"页面布局"选项卡"页面设置"组中，单击"插入分页符和分节符"图标。

③ 在"分节符"组中单击分节符类型的"下一页"。

3. 为文档中所插入的图片设置图标题

【操作方法】

① 在所插入图片的下方一行，将光标居中，单击"引用"选项卡中的"插入题注"，则弹出"题注"对话框。

② 单击"新建标签"按钮，在弹出对话框的"标签"文本框中输入"图 2."，如图 2.34 所示，单击"确定"按钮。

③ 此时，"题注"文本框中，自动显示有"图 2.1"，"标签"为"图 2."，单击"确定"按钮。

④ 在图片的下方出现"图 2.1"，这时只在其后输入图标题"计算参数"即可。每插入一张图片，执行"插入题注"，题注的编号会自动更新为图 2.2、图 2.3 等。

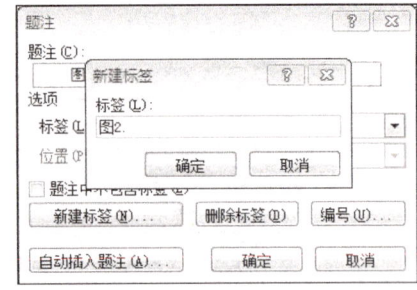

图 2.34　插入题注

说明：插入题注的好处是，如果在某个图片之前又插入了一个新的图片，只需执行"插入题注"命令，则 Word 会根据光标所在位置自动更新该题注的编号，文档中其余图标题的序号也会自动按顺序更新。

4. 设置页眉和页脚或页码

例如，给文档加页码，目录和图表目录的页码采用"Ⅰ，Ⅱ，…"格式，其他页码采用"1，2，3，…"格式；"目录"和"图表目录"不设置页眉，其他奇数页页眉为"研究报告"，偶数页页眉为"2015 年 2 月"。

【操作方法】

① 首先确保在第一章的页面已设置好了分节，使其成为新的一节。

② 双击文档中"第一章"页面的顶部，打开"页眉和页脚工具｜设计"选项卡。

③ 选中"奇偶页不同"复选框；在"页眉和页脚工具｜设计"选项卡"导航"组中，单击"链接到前一节"以禁用它。在奇数页的页眉处，输入内容"研究报告"；单击偶数页眉，输入"2015 年 2 月"。

④ 单击"转至页脚"工具按钮，单击"页码"下的"设置页码格式"，设为 1，2，3，…格式和要使用的"起始页码"，然后单击"确定"按钮。

⑤ 单击"页码"下的"页面底端"，选择一种样式。

⑥ 选择目录页，对目录页的页码进行设置，步骤同上。

5. 制作图表目录

【操作方法】

① 单击要插入图表目录的位置，如"图表目录"后。

② 在"引用"选项卡"题注"组中单击"插入表目录"按钮，在打开的"图表目录"对话框中按需要的样式进行设置。

6. 制作目录

【操作方法】

① 单击要插入目录的位置，选择在文档的开始处，如"目录"后。

② 在"引用"选项卡"目录"组中，单击"目录"下拉按钮，然后选择所需的目录样式，或选择"插入目录"，按需要的样式进行设置。

7. 页面设置

例如，A4 纸，页边距为上下各 2.5 厘米、左右各 2.8 厘米。

【操作方法】

① 选择"页面布局"选项卡，在"页面设置"组中单击"纸张大小"，选择"A4"。

② 单击"页边距"，选择"自定义页边距"，打开"页面设置"对话框，设置上、下边距各为 2.5 厘米，左、右边距各为 2.8 厘米。

实验结果如图 2.35~图 2.38 所示。

图 2.35 目录页

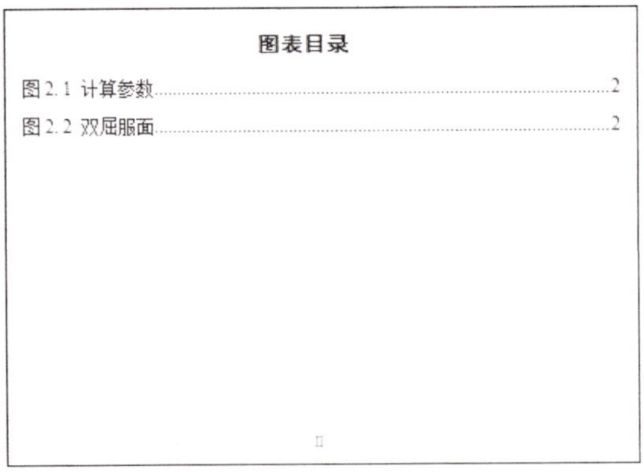

图 2.36　图表目录页

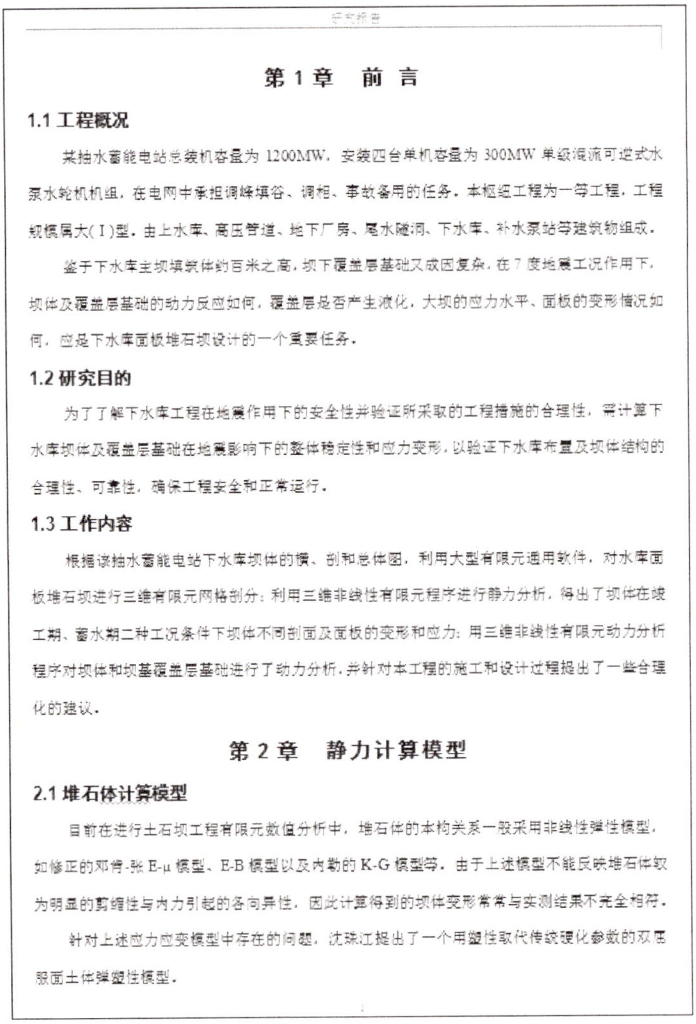

图 2.37　正文第一页

发生收缩时的$(\sigma_1-\sigma_3)_d$与极限值$(\sigma_1-\sigma_3)_{ult}$之比,见图2.1所示。

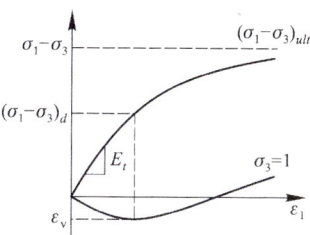

图2.1 计算参数

该模型采用下列屈服面,见图2.2。

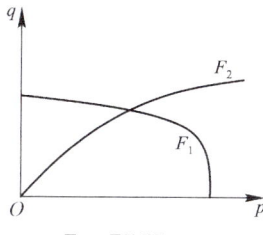

图2.2 双屈服面

塑性应变增量按下式计算:

$$\{\Delta\varepsilon^p\}=A_1(\eta_1)\left\{\frac{\partial f_1}{\partial\sigma}\right\}^T\{\Delta\sigma\}+A_2(\eta_2)\left\{\frac{\partial f_2}{\partial\sigma}\right\}^T\{\Delta\sigma\} \qquad (2.1)$$

图 2.38　正文第二页

第三单元
电子表格软件

　　电子表格是指能在计算机上提供运算环境的软件,非常适合人们利用计算机解决日常生活和工作中的各种计算问题。电子表格软件 Excel 除了能够提供完整的计算功能外,还包括了许多其他的数据处理功能,如图表的制作、数据筛选、数据的分类与汇总等,因此在实际中得到了广泛应用。

第一部分 电子表格软件介绍

3.1 工作表的建立与操作

3.1.1 工作表的建立

在 Windows 桌面上,单击任务栏上的"开始"按钮,选择"所有程序"→Microsoft Office→Microsoft Excel 2010 程序项,系统将启动 Excel 2010 应用程序并创建一个空白工作簿,默认文件名"工作簿1"。在 Excel 窗口功能区的下方为编辑栏区,自左至右依次由名称框、工具按钮和编辑栏 3 部分组成,如图 3.1 所示。当某个单元格被激活时,其编号(例如 A1)随即在名称框中出现。用户输入的文字或数据,将在该单元格与编辑栏同时显示。图 3.1 中的"输入"按钮用于确认输入单元格的内容,功能与按 Enter 键相同;"取消"按钮用于取消本次输入的内容;"插入函数"按钮用于向单元格输入函数。

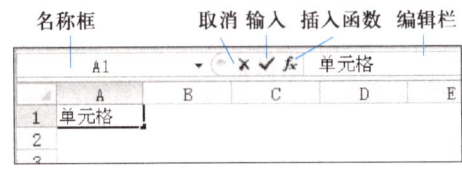

图 3.1 编辑栏

1. 输入数据

要建立一个工作表,必须输入数据到构成工作表的单元格中。方法是:选定单元格,直接由键盘输入数据,按 Enter 键或单击编辑栏的"输入"按钮,也可将鼠标指针移到其他单元格处单击。输入的数据可以为常量,也可以是公式和函数。当向单元格输入常量数据时,Excel 能自动把它们区分为文本、数值、日期或时间等三种类型。

如果要输入序列数据,使用填充特性更加快捷。利用填充特性既可以复制数据,也可以自动填充序列数据到周围的任何单元格,从而实现快速输入数据的目的。其方法是:首先选定要填充内容的单元格,如图 3.2 中 A1,将鼠标指针移到填充柄(单元格选定框右下角的小方块)上,使之变为"+"字光标,按下鼠标左键,拖动填充柄到所要填充内容的最后一个单元格,Excel 会以默认的方式填充数据,如图 3.2 中 A 列所示。释放鼠标左键,会出现一个"自动填充选项"按钮。单击该按钮打开下拉菜单,此时选中的是"填充序列"单选按钮;若选择"复制单元格",则将 A1 内容复制到所要填充的区域;"仅填充格式"是将 A1 的格式复制到所选区域,而不填充内容;"不带格式填充"以默认方式填充内容,不复制格式。

当需填充等差序列时，应先在单元格中输入初值。如输入 1 和 5，同时选中这两个单元格，然后按住鼠标左键拖动填充柄至需要自动填充的最后一个单元格处释放按键，数据将以预定的等差关系（差值为 4）填充，如图 3.2 中的 D 列所示。如果只输入 2012，拖动填充柄的结果是复制 2012，当选中"填充序列"单选按钮后，数据序列将按差值为 1 填充，如图 3.2 中 E 列所示。应该指出，"自动填充选项"菜单的项目根据选定的单元格内容会有所不同，使用时注意选择。

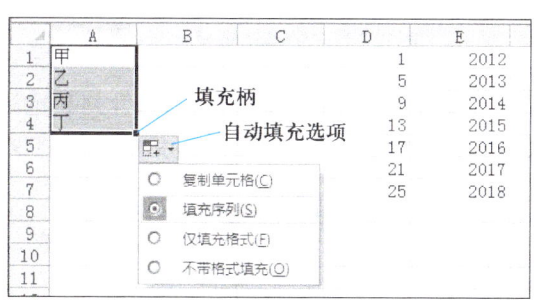

图 3.2　填充特性的应用

需要说明的是，在 Excel 中预先设置了"甲，已，…""星期日，星期一，…""Jan，Feb，…"等中、英文数据序列，允许用户自动填充这样的数据序列（如图 3.2 的 A 列所示）。选择"文件"→"选项"命令，在弹出的"Excel 选项"对话框中选择"高级"，在"常规"区域单击"编辑自定义列表"按钮，在"自定义序列"对话框中可以查看系统中的预定义序列。

2. 单元格、工作表、工作簿和工作区域

① 单元格：单元格是 Excel 用来存储数据的基本单位。每个单元格都有地址，由列字母和行号构成（如 A1、B3 等），称为单元格地址。每个单元格可容纳 32 767 个字符，单元格只能显示 1 024 个字符，而编辑栏中则可以显示全部 32 767 个字符。当前的活动单元格由一个加粗的边框来标识，图 3.1 中的活动单元格为 A1。

② 工作表：工作表由单元格组成。Excel 2010 工作表是一张 1 048 576 行，16 384 列的大表格。由于屏幕上只能显示工作表的一小部分，可以用两个滚动条来查看当前工作表没有显示的部分。在 Excel 中，一切工作表均由工作簿管理。

需要说明的是，如果按照 Excel 97-2003 版本保存工作簿，则工作表的最大行号和列标分别为 65 536 和 256，在此之外的单元格数据不能被保存。

③ 工作簿：Excel 工作簿是计算和存储数据的文件，其扩展名为 .xlsx。每个工作簿可以创建工作表的数量受可用内存的限制，但至少 256 张，系统默认 3 张，用户可按需增减。工作簿中默认工作表名为 Sheet1、Sheet2 等，工作表的名称可以更改。

④ 工作区域：区域是一组选定的单元格，既可以是连续的，也可以是不连续的。区域可以是一列、一行，或者是列和行的任何组合，也可以只是一个单元格。区域按照其定位点引用。如在图 3.3 中选定的区域是 A1:C3、第 6、7 行和第 E 列。选定区域的好处是可以统一格式化一个区域内的所有单元格，还可以只打印选定区域的单元格组，或者在公式中引用区域。

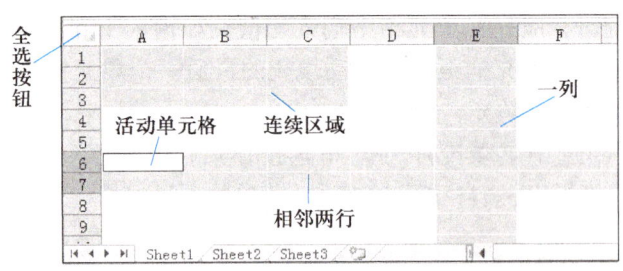

图 3.3 选定不连续区域示例

使用鼠标选定单元格区域的操作方法是：移动鼠标指针到欲选区域的左上角，按住鼠标左键拖动鼠标指针到区域的右下角后释放鼠标左键，选定的区域将反白显示，如图 3.3 所示，其中 A6 是活动单元格。在工作表行号和列标的交汇处有一个"全选"按钮，单击后可选中当前工作表的所有单元格。选定区域有多种技巧。表 3.1 为选定区域、整行、整列等的操作方法。如果要取消选定，只需单击工作表中任意一个单元格。

表 3.1 选定区域、行或列方法

要 选 定	执 行 操 作
相邻的单元格区域	选定该区域的第一个单元格，然后拖动鼠标直至最后一个单元格
不相邻的单元格区域	先选定第一个单元格区域，按住 Ctrl 键再选定其他的单元格区域
整行	单击行号
整列	单击列标
相邻的行或列	沿行号或列标拖动鼠标
不相邻的行或列	先选定第一行或第一列，然后按住 Ctrl 键再选定其他的行或列
工作表中所有单元格	单击"全选"按钮

3. 保存工作簿

首次保存工作簿时，单击快速访问工具栏上的"保存"按钮，屏幕显示"另存为"对话框；打开"保存位置"下拉列表，依次选择文件要保存到的磁盘以及文件夹；在"文件名"文本框中输入新工作簿名，单击"保存"按钮。

要保存已命名的工作簿，只需单击快速访问工具栏上的"保存"按钮，Excel 不再显示"保存文件"对话框。如果要将已命名的工作簿保存到其他的磁盘或文件夹，应选择"文件"→"另存为"命令，在"另存为"对话框中选择保存位置。

4. 打开与关闭工作簿

如果想打开已有的工作簿，可双击已有的工作簿名，将直接打开该工作簿窗口。

如果要关闭工作簿，单击该工作簿右上角的"关闭"按钮。如果选择"文件"→"退出"命令，系统将退出 Excel。

3.1.2 Excel 中的数据类型

在 Excel 中，数据可以分为文字（文本）、数字（数值）、逻辑（布尔值）和错误值 4 种。

当向单元格输入常量数据时，Excel 能自动把它们区分为文本、数值、日期或时间等。

1. 文本数据

文本数据可以由数字、字母、汉字或其他字符组成。默认时，所有文本在单元格中均左对齐。在输入文本时，应注意以下几点。

① 对于全部由数字组成的文本数据，输入时应在数字前加一个单撇号（'），单撇号是一个对齐前缀，使 Excel 将随后的数字作为文本处理，且在单元格中左对齐。例如邮政编码 116024，输入时应输入"'116024"，或者在输入数字后选择"数字"组，打开"数字格式"下拉列表，将此单元格设置为文本格式。

② 若在公式中含有文本数据，输入时需用双撇号将文本部分括起来，例如"His name is……"。

2. 数字数据

（1）数值数据

Excel 将由数字 0~9 及某些特殊字符组成的字符串识别为数值型数据。这些特殊字符包括：小数点"."、正负号"+、-"、斜杠"/"、指数符号"E、e"、百分号"%"、千位分隔号","、货币符号"$、¥"及括号"()"等。其中的"E"用于科学计数法。如 12.34%、¥12.34、1,234、-1.234 等是数值数据。默认时，所有数值在单元格中均右对齐。

在输入数值数据时还应注意以下几点。

① 数字 0~9 中间不能有非法字符或空格，如 123 4、y123 被认为是文本数据。

② 若输入数据的长度超过单元格宽度，系统将采用科学计数法（如 1.234E+2）显示。如显示一串符号#，可参见 3.3.2 中介绍的办法将单元格拓宽。

③ 若设置的数字格式为两位小数，当输入数值为 3 位以上小数时，将对第 3 位小数采用"四舍五入"的方式显示。如输入 5.678，单元格显示的是 5.68，计算时以输入数为准。

④ 向单元格输入分数的方法是：先输入整数部分及空格，再输入分数。如输入 1/2 时，应输入"0 1/2"，编辑栏中显示 0.5；如果在单元格中输入"6 1/2"，则编辑栏中会显示 6.5。

（2）日期和时间数据

Excel 内置了一些日期与时间的格式，当输入数据与这些格式相匹配时，Excel 将把它们识别为日期或时间型数据。在输入日期时，可以使用连字符（-）或斜杠（/），输入时间时使用冒号（:）来分隔时、分、秒。工作表中的日期或时间的显示方式取决所在单元格中的数字格式。默认时，日期或时间项在单元格中右对齐。

3. 逻辑型数据

逻辑型数据为两个特定的标识符：TRUE 和 FALSE，字母大小写均可。TRUE 代表逻辑值"真"，FALSE 代表逻辑值"假"。逻辑值可以参加运算，TRUE 和 FALSE 代表的数值分别为 1 和 0。如需要作为文本数据输入时，也必须使用单引号做先导。

4. 错误值

错误值数据是因为单元格输入或编辑数据错误，而由系统自动显示的结果，提示用户及时改正。当错误值为"#DIV/0！"时，表明此单元格的输入公式中有除数为 0 的错误存在；当错误值为"#VALUE！"时，则表明此单元格的输入公式中存在着数据类型错误。

3.1.3 工作表的基本操作

工作表的基本操作包括插入、删除、移动和复制工作表,以及对工作表的命名等。

1. 选择工作表

在执行对工作表的操作命令前首先要选定命令作用的范围。单击工作表标签即可选择一张工作表,被选定的工作表标签以白色显示。

若要选择多张相邻工作表,单击第一张工作表标签,按住 Shift 键,将鼠标指针移至最后一张工作表标签处单击;若选择多张不相邻工作表,单击第一张工作表标签,按住 Ctrl 键,依次单击其余工作表标签。当选择了多张工作表后,活动窗口的标题栏会出现"工作组"字样,如在其中一张工作表中输入数据,"工作组"中所有的工作表将具有相同内容和格式。所以利用"工作组"可以快速建立多张同样格式的工作表。若要取消已选定的工作组,单击其他未被选定的工作表标签。

如果要选择工作簿中的全部工作表,将鼠标移至标签处右击,在出现的快捷菜单中选择"选定全部工作表"命令。如果想取消选定的全部工作表,只需单击任何一张非当前工作表标签即可。

2. 工作表的操作

(1) 插入和删除工作表

在工作表标签右侧有一个"插入工作表"按钮,如图 3.4 所示,每单击一次,即可在其前面插入一张工作表。如果要同时插入多张工作表,先选择连续的 n 张工作表,选择"开始"选项卡"单元格"组中的"插入"→"插入工作表"命令,则可在当前工作表之前插入 n 张工作表。

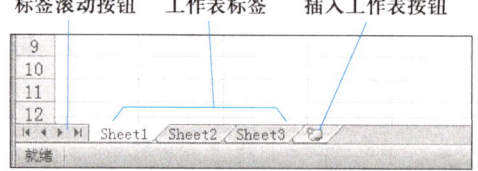

图 3.4 工作表标签

如果要删除工作表,选定需删除的工作表,选择"开始"选项卡"单元格"组中的"删除"→"删除工作表"命令。若删除的工作表含有数据,会出现警告,请用户确认是否删除。

(2) 移动或复制工作表

选择一个或多个需要移动或复制的工作表;右击工作表标签,从快捷菜单中选择"移动或复制"命令,弹出"移动或复制工作表"对话框。从"工作簿"下拉列表中选择目标工作簿名称。在"下列选定工作表之前"列表框中选择移动或复制的工作表在目标工作簿中的新位置。如果选中"建立副本"复选框,执行复制操作,否则执行移动操作。

在一个工作簿内移动或复制工作表可以使用拖放特性。其步骤为:选定需要移动或复制的工作表标签,按住鼠标左键并拖动标签到要移动的位置;若在拖动时按住 Ctrl 键,则执行复制操作。需要说明的是,在同一工作簿内复制工作表,Excel 将自动为新表命名。

（3）为工作表命名

系统默认工作表名为 Sheet，编号从 1 开始。为方便用户使用有意义的名称，Excel 允许用户重新为工作表命名。工作表名中可有空格，但长度不能超过 31 个字符。重新命名的方法如下：双击需更名的工作表标签，或右击标签，从快捷菜单中选择"重命名"命令，光标出现在标签处；输入新工作表名；单击工作表其他任意地方，或按 Enter 键。

3.2 使用公式与函数

公式与函数作为 Excel 的重要组成部分，具有强大的数据计算功能，为使用者提供了分析、处理数据的环境。在 Excel 中，不仅可以使用公式对各种数值进行加、减、乘、除等计算，还可以对数据进行逻辑和比较运算。公式不但可以引用同一工作表中的其他单元格，也可以引用同一工作簿不同工作表中的单元格，或者其他工作簿的工作表中的单元格。对于一些复杂、特殊的问题，当无法通过直接创建公式来进行计算时，可以使用函数进行处理。

3.2.1 单元格的引用

单元格的引用就是单元格的地址表示，Excel 是通过单元格的地址访问其数据的。

单元格地址具有 3 种不同类型，分别是相对地址、绝对地址和混合地址。因此，对单元格数据的引用也相应分为 3 种，即相对引用、绝对引用和混合引用。

① 相对地址：就是直接用列标和行号构成的单元格地址。如 A1、B8 等均为单元格的相对地址。因此，相对引用是公式复制时进行调整的单元格引用。这种引用的特点是，当单元格的行、列变化时，行号与列号都会跟随变化。

② 绝对地址：在构成单元格地址的字母和数字前增加一个 $（美元符）。如 $A$1、$B$8 等称为绝对地址。因此，绝对引用在公式复制到新位置时是不改变的单元格引用。如果在公式中引用了绝对地址，则不论行、列怎样改变，地址总是不变。

③ 混合地址：就是列标或行号之一采用绝对地址表示的单元格地址。如 $A1、B$8 等就是混合地址。所以，混合引用是只有部分绝对的引用。在使用混合引用的公式复制到另一个单元格时，只调整部分单元格引用。

④ 三维地址：在 Excel 中，不但可以引用同一个工作表的数据，也可以引用不同工作簿和不同工作表的数据，其格式是：

[工作簿名称]工作表名称!单元格地址

这样就构成了单元格地址的三维表示，即工作表、列和行。需要说明的是：应用三维引用时，当前工作表表名可以省略。

⑤ 单元格区域地址：对于工作表中的一个矩形区域，可用它的左上角和右下角单元格地址联合起来表示该区域的地址，两个单元格之间用冒号"："分开。如 C3:E8 表示该区域的左上角单元格为 C3，右下角单元格 E8，包含 3 列、6 行共 18 个单元格。

3.2.2 使用公式

公式是在工作表中对数据进行计算的等式。在 Excel 中，一切公式均以"="开始，例如"=A1+B1"。如果用户省略等号，系统就把输入内容视为文本，而不是计算其数值。

1. 公式中的运算符

运算符对公式中的元素进行特定类型的运算。Excel 包含 4 种类型的运算符：算术运算符、比较运算符、文本运算符和引用运算符。表 3.2 为 Excel 公式中的运算符列表。

表 3.2　Excel 公式中的运算符

运算符名称	运算符表示形式及含义
算术运算符	+（加）、-（减）、*（乘）、/（除）、%（百分号）、^（乘幂）
比较运算符	=（等于）、<（小于）、>（大于）、<=（小于或等于）、>=（大于或等于）、<>（不等于）
文本运算符	&（文本字符串连接）
引用运算符	:（冒号）、,（逗号）、（空格）

① 算术运算符：直接在单元格中输入算术运算式，如"=A1+B1*5"。

② 比较运算符：在公式中应用一个比较运算符进行计算时，其结果为"真"或者"假"，它们被称为逻辑值。

③ 文本运算符：& 能够连接两串文本。

④ 引用运算符：引用的作用在于标识工作表上的单元格或单元格区域，并指明公式中所使用的数据的位置。通过引用，可以在公式中使用工作表中不同单元格的数据，或者在多个公式中使用同一单元格的数值。具体如下。

冒号（:）称为区域运算符。如 A1 表示一个单元格引用，而 A1:D4 就表示从 A1 到 D4 的单元格区域。如果用户在公式中引用工作表中的一行或一列中所有单元，那么可以用 2:2 表示第二行的所有单元，用 A:B 表示 A 列 B 列的所有单元。

逗号（,）是一种连接联合运算符，用于将多个引用合并为一个引用。例如：（A3:B4, C6:E9）表示区域 A3:B4 和区域 C6:E9。

空格（ ）是交叉运算符，产生对两个引用共有单元格的引用。如（B4:B6 A5:C5）表示单元格 B5 同时属于这两个单元格区域引用。

注意：当用户用鼠标选择公式中的区域时，Excel 自动提供区域运算符":"，如果用户选择不连续的单元格或者区域时，Excel 会插入联合运算符","。

2. 公式中运算符的优先级

当公式中包含多个运算符时，Excel 规定了其运算优先级。在 4 类运算符中引用运算符级别最高，其次是算术运算符、文本运算符，比较运算符级别最低。其中，算术运算符级别由高到低依次为：负号（-），百分号（%），乘幂（^），乘和除（*和/），加和减（+和-）。

当优先级相同时，Excel 遵从"由左到右"的运算规则。如果要修改计算的次序，可将公式中某部分用括号括起来，因为 Excel 将先做括号内的计算。

3. 公式的显示与编辑

Excel 单元格只显示计算的结果，而不显示公式。若需查看公式，单击该单元格，其公式即显示在编辑栏中。如果要编辑公式,单击含有公式的单元格,将鼠标指针移至编辑栏中定位插入点,对公式做出改变后,单击"输入"按钮或按 Enter 键。若要在单元格内快速编辑,双击该单元格或按功能键 F2,即可对公式进行修正。

4. 公式的复制

在图 3.5 中,在 F3 中输入公式"=C3+D3+E3"计算出该学生的总分,若要计算其余学生的总分,单击 F3 单元格,此时编辑栏显示的是在 F3 中输入的公式。将鼠标指针移到填充柄上使之变成"+"字光标,按下鼠标左键经 F4 拖动到 F9 后释放。这样,就将 F3 中的公式"=C3+D3+E3"一次性地复制到 F4:F9 中,避免了对这 6 个单元每格输入一遍的麻烦。

应该指出,上述公式复制中引用的单元格地址 C3、D3、E3 均为相对地址。在复制公式时,相对地址会随目标单元格的地址而变化。例如,复制到 F4 中的公式为"=C4+D4+E4",复制到 F5 中的公式为"=C5+D5+E5",以此类推。

可以看到,在该工作表状态栏中同时也显示了所选区域数据的平均值、计数个数及数据总和。在该状态栏中显示数据的项目可通过右击状态栏后在"自定义状态栏"中进行设置。

5. 公式的跟踪计算

跟踪计算是当公式中引用的单元格数据发生变化时,Excel 能自动对相关的公式重新进行计算,借以保证数据的一致性。比如在图 3.5 中,如果修改了某位学生的任何一门课程分数,则总分会随之更改。

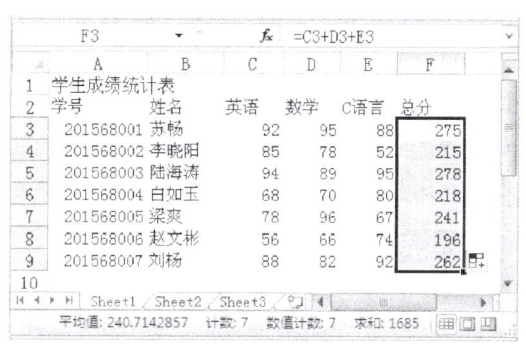

图 3.5 复制公式结果

3.2.3 使用函数

函数是预先定义好的内置公式,因此输入函数时前面也要输入等号"="。Excel 2010 将四百余个函数分为 12 类,每个函数由函数名及其参数组成。Excel 函数的一般形式为:函数名(参数 1,参数 2,…)。

其中函数名由具有一定含义的英文缩写字母表示,而参数是函数所要处理的数值。对于不同的函数,需要的参数个数和类型是不同的,参数可以是常量、逻辑值、单元格、区域或其他函数。使用函数的方法是:输入函数法、用"求和"工具及插入函数法。

① 输入函数法就是在单元格中直接输入函数,需要记住函数名称。
② 使用"求和"工具可以方便、快速地进行求和、计数、平均值、最大值、最小值等。
③ 插入函数法应用广泛,可以不用记忆函数名称的拼写,特别适合输入复杂函数的情况。

插入函数可选如下方法之一。

a. 单击编辑栏中的"插入函数"按钮。

b. 单击"公式"选项卡"函数库"组中的"插入函数"按钮。

c. 单击"开始"选项卡"编辑"组中"求和"按钮右边的下拉箭头,选择"其他函数"。

d. 单击"公式"选项卡"函数库"组中"自动求和"按钮右边的下拉箭头,然后选择"其他函数"。

无论采用上述哪种方法,将会弹出"插入函数"对话框。在"或选择类别"列表框中选择函数类型;在"选择函数"列表框中选择所需函数,按提示进行操作即可完成计算。

下面以几个常用函数的应用为例介绍其操作方法。

(1) SUM 函数

SUM 函数是最常用的函数之一,Excel 提供了一种快速方法来输入它。要对某区域中各行(或各列)数据分别求和,应先选择此区域以及它右侧一列(或下方一行)的单元格,然后单击"开始"选项卡"编辑"组中的"求和"按钮,计算结果将分别显示在相应单元格上。

(2) AVERAGE 函数

AVERAGE 函数用于计算自变量参数表中所有数值的平均值。

函数形式:AVERAGE(number1,number2…)

例 3.1 对图 3.5 所示的学生成绩表计算每门课程的平均分。

先选择要显示英语平均分的单元格 C11,单击编辑栏的"插入函数"按钮,在出现的对话框中选定函数"AVERAGE",打开 AVERAGE 函数参数设置对话框,如图 3.6 所示,在参数 Number1 框中直接输入 C3:C9,或单击"折叠对话框"按钮,在工作表中选择区域 C3:C9 完成计算,拖动填充柄至 E11 算出其余各项的平均值,如图 3.7 所示。

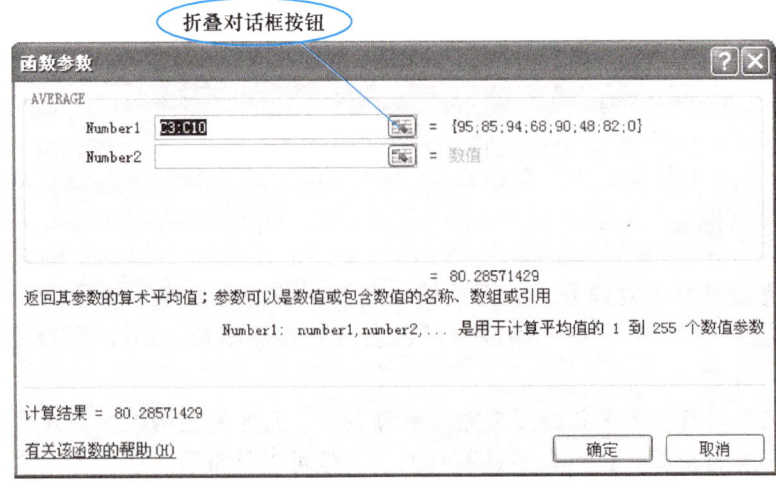

图 3.6 AVERAGE 函数参数设置对话框

需要指出,函数的参数有必选与可选之分。在计算平均值对话框中,Number1 是必选项,而 Number2 却不是。必选的参数要求用户必须输入数值才能构成这个函数。

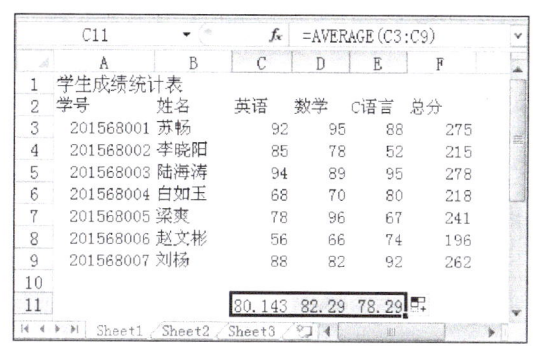

图 3.7　用 AVERAGE 函数计算结果

（3）IF 函数

IF 函数是逻辑函数，执行真假值判断，根据逻辑计算的真假值返回不同结果。使用 IF 函数可以对数值和公式进行条件检测。

函数形式：IF(logical_test,value_if_true,value_if_false)

函数中各参数说明如下：

① Logical_test：进行逻辑判断的依据，结果为真（TRUE）或假（FALSE）。

② Value_if_true：当 logical_test 为 TRUE 时返回的值。

③ Value_if_false：当 logical_test 为 FALSE 时返回的值。

函数 IF 最多可以嵌套 7 层。用 value_if_false 及 value_if_true 参数可以构造复杂的检测条件。参数 value_if_false 及 value_if_true 可以为数值、文本或引用地址。

例 3.2　试对图 3.8 中 C 列的成绩按照优秀、及格和不及格 3 个等级显示。

首先选择单元格 D3，然后单击编辑栏"插入函数"按钮，选择 IF 函数，打开 IF 函数参数设置对话框，按照图 3.9 输入相应参数。复制该公式到 D4:D9 显示其他学生的成绩等级，计算结果如图 3.8 的 D 列所示。

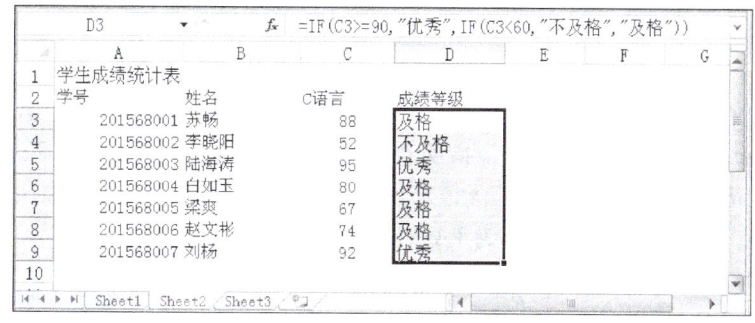

图 3.8　IF 函数应用示例图

（4）HLOOKUP 与 VLOOKUP 函数

HLOOKUP 与 VLOOKUP 是查找与引用函数。HLOOKUP 是水平查表函数，在表格或数值

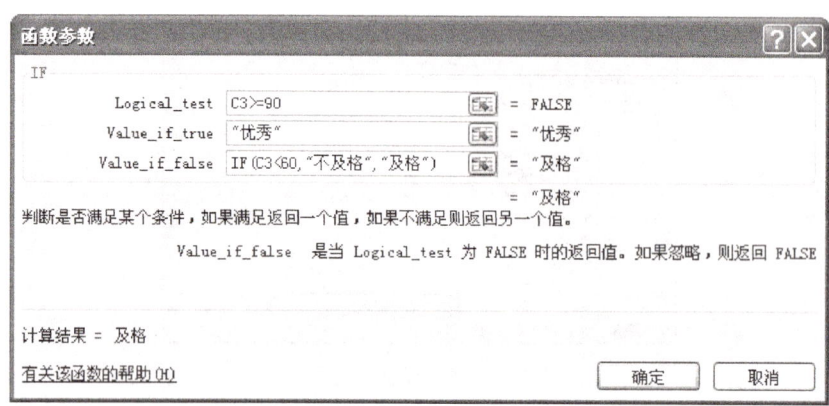

图 3.9　IF 函数参数设置对话框

数组的首行查找指定的数值，并由此返回表格或数组当前列中指定行处的数值；VLOOKUP 是垂直查表函数，在表格或数值数组的首列查找指定的数值，并由此返回表格或数组当前行中指定列处的数值。

当比较值位于数据表的首行，并且要查找下面给定行中的数据时，使用函数 HLOOKUP；当比较值位于要查找的数据左边的一列时，使用函数 VLOOKUP。

函数形式：HLOOKUP（lookup_value,table_array,row_index_num,range_lookup）
　　　　　　VLOOKUP（lookup_value,table_array,col_index_num,range_lookup）

函数中各参数说明如下。

① Lookup_value：对于 HLOOKUP 函数，是需要在查询数据表第一行中查找的数据；对于 VLOOKUP 函数，是需要在查询数据表第一列中查找的数据。Lookup_value 可以是数值、引用或文本字符串。

② Table_array：是为查找数据而建立的查询数据表区域。对于 HLOOKUP 函数，Table_array 区域的第一行称为"索引行"；对于 VLOOKUP 函数，Table_array 区域的左边列称为"索引列"。建立查询数据表时，要保证索引行和索引列的单元格数据应由小到大排列。

③ Row_index_num：是 table_array 中待返回的匹配值的行号。当其值为 n 时，返回查询数据表第 n 行的数值。如果 n 不在查询数据表的行范围内，则函数 HLOOKUP 返回错误值。

④ Col_index_num：是 table_array 中待返回的匹配值的列号。当其值为 n 时，返回查询数据表第 n 列的数值。如果 n 不在查询数据表的列范围内，则函数 VLOOKUP 返回错误值。

⑤ Range_lookup：是一个逻辑值，指明查找时是精确匹配，还是近似匹配。如果 range_lookup 为 TRUE 或省略，则返回近似匹配值。也就是若找不到精确匹配值，则返回小于 lookup_value 的最大数值；如果 range_lookup 为 FALSE，将查找精确匹配值。

例 3.3　试将图 3.10 中的成绩按照优、良、中、及格和不及格 5 个等级显示。

首先建立一个数据查询表，如图 3.10 的 F5:J6 区域；然后在单元格 D3 中输入"=HLOOKUP(C3,$F$5:$J$6,2)"，按 Enter 键后，拖动复制该公式到 D4:D9 中，如图 3.10 所示。

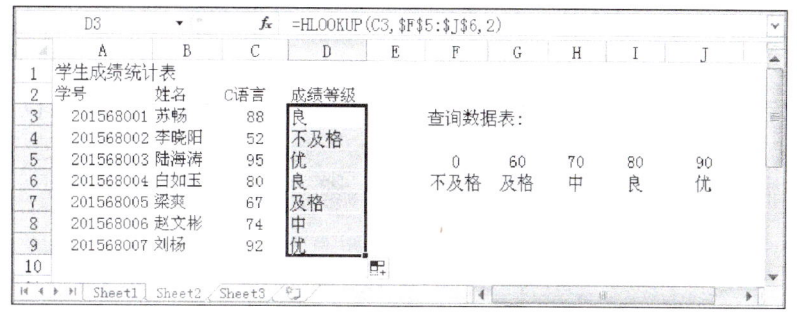

图 3.10　HLOOKUP 函数的应用示例图

需要说明的是，在上述参数输入时，查询数据表地址范围 Table_array 应是绝对引用，否则拖动复制公式时会出现错误。

Excel 的其他常用函数，如 COUNT、SUMIF、MAX、TODAY 等，因使用方法比较简单，可参照本书实验部分自行操作。此外，Excel 在"插入函数"对话框中对所选函数提供了"有关该函数的帮助"选项，用户在输入参数时可作为参考。

3.3　工作表的编辑与格式化

3.3.1　工作表的编辑

工作表的编辑是指对工作表中单元格内容进行的修改、清除、删除、插入、移动、复制、查找与替换等操作，主要使用"开始"选项卡"单元格"组或"编辑"组中的命令。

（1）修改与清除单元格内容

单击要修改内容的单元格，输入新数据；或将鼠标指针移至编辑栏中欲修改的地方单击，对单元格内容做部分修改。

如果要清除单元格（区域）中的内容，选定单元格及其区域后，按 Delete 键；如果要清除单元格（区域）中的格式或批注，应先选定单元格或区域，再选择"开始"选项卡"编辑"组中的"清除"命令，根据需要单击相应的选项。

（2）插入与删除单元格、整行或整列

在向工作表输入数据时，有时需要插入信息到工作表格的已有数据中间。方法是：选定欲插入的单元格（区域）、行或列，Excel 将插入选定的单元数；选择"开始"选项卡"单元格"组中的"插入"命令可以插入一个或多个单元格、整个行或整个列。将单元格插入到已有数据的中间会引起其他单元格下移或右移。

如果在上述操作中将"插入"改为"删除"，Excel 会删除选定的单元数。当删除一行时，所删除行下面的行上移以填充空间；当删除一列时，右边的列向左移。Excel 删除行或列后，将其余的行或列按顺序重新编号。

(3) 移动或复制单元格数据

如果在同一工作簿的不同工作表或不同工作簿之间移动或复制数据，可以使用菜单命令。其方法是：选定待移动或复制的单元格区域，选择"开始"选项卡"剪贴板"组中的"剪切"或"复制"命令；选定目标区域，单击"开始"选项卡"剪贴板"组的"粘贴"命令。执行"复制"命令后，源区域周围会出现闪烁的虚线，此时可进行多次粘贴。按 Esc 键，闪烁的虚线消失。

如果在同一张工作表上移动或复制数据，则使用拖放特性将更加方便。其步骤是：选定待移动的区域，将鼠标指针移至选定区域的边框线上，当出现四向箭头时：按下鼠标左键拖动移动区域至目标区域；如果在拖动时按住 Ctrl 键，则执行复制操作。

在 Excel 中，一个单元格可以包括公式、值、格式和批注等几方面内容。在执行移动或复制操作时，默认情况下应包括其全部内容。如果只需要复制单元格的某项内容，利用"剪贴板"组"粘贴"下拉菜单中提供的"选择性粘贴"命令，可以在向目标区域粘贴时只粘贴用户选择的内容。图 3.11 所示为只粘贴 D3 单元格中的公式。

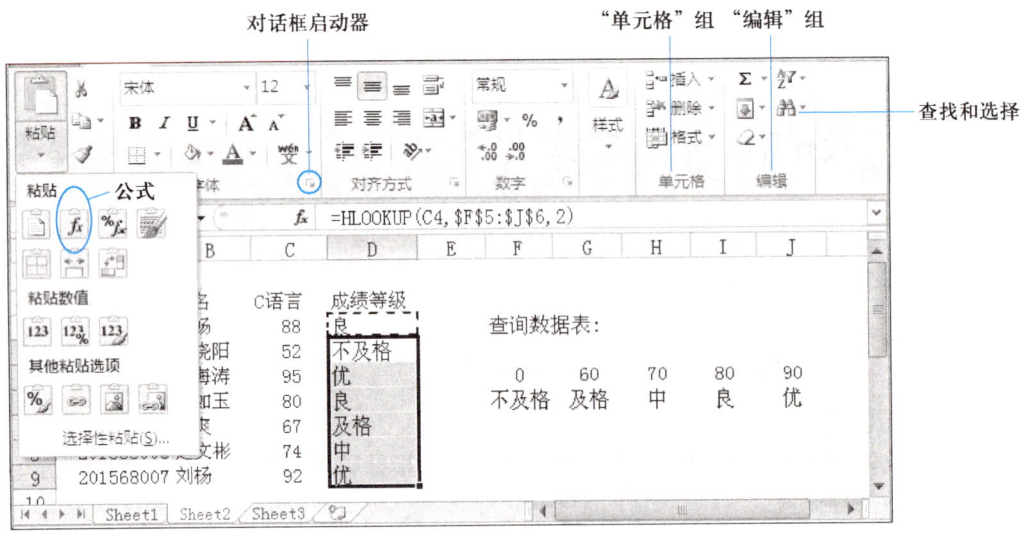

图 3.11 "粘贴"选项列表及粘贴公式

上述过程也可以在"粘贴"选项列表框单击"选择性粘贴"命令完成。

(4) 查找与替换单元格内容

查找与替换也是编辑中经常要执行的操作，除了可查找和替换值、公式外，还可查找批注，但不能替换批注。使用图 3.11 "开始"选项卡"编辑"组中的"查找和选择"中的命令可完成此项操作。

3.3.2 工作表的格式化

工作表的格式化是设置工作表单元格的格式，使之更加美观和适合需要。Excel 2010 提供了非常方便的设置单元格格式方法，一般在"开始"选项卡中，通过"字体""对齐方式""数字"组以及"单元格"组中的"格式"命令操作。

1. 调整单元格的行高与列宽

选定要改变行高或列宽的单元格区域，打开"开始"选项卡"单元格"组中的"格式"下拉列表，选择"行高"或"列宽"选项，在对话框中输入相应数据，可精确调整单元格的高度或宽度。

利用鼠标也可调整行高或列宽，如把鼠标指针移至 B 列与 C 列的分界处，当指针变成带有竖线的双向箭头时按下鼠标左键，向右拖动可拓宽 B 列；与此相似，也可以增加某行的高度。如果把鼠标朝相反的方向拖放（如向左或向上），列宽与行高就被缩小而不是放大。

2. 设置单元格格式

单元格格式包括文字字体、数字格式、对齐方式和边框与图案的格式。操作方法是：选定要设置格式的单元格区域，单击"字体""对齐方式"或"数字"组中的相应按钮即可。如果想要设置的格式按钮没有显示在工具按钮上，则单击相应组右边的"对话框启动器"按钮（如图 3.11 所示），在对话框中进行选择。

例 3.4 对图 3.10 所示工作表进行格式化。

操作步骤：选定区域 A1:J1，单击"合并后居中"按钮，字体选"华文隶书"，18 号；将行标题区域 A2:D2 中的字体设置为黑体，背景色为浅绿色；其余按照图 3.12 所示进行格式化。

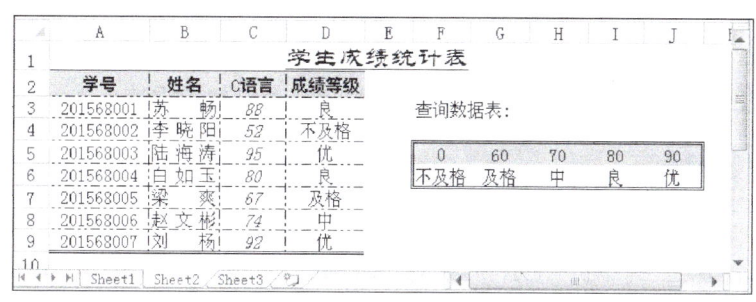

图 3.12　格式化工作表示例图

3. 设置条件格式

条件格式也是单元格格式，如果满足指定的条件，Excel 会自动将条件格式应用于该单元格。使用条件格式可以突出显示单元格数值，使用户直观查看和分析数据。

例 3.5 应用条件格式显示图 3.7 中 C 语言成绩高于平均分的单元格数据。

操作步骤：选定单元格区域 E3:E9，在"样式"组中选择"条件格式"→"项目选取规则"→"高于平均值"，即可使高于平均值的单元格按所选样式突出显示。图 3.13 所示为自定义的一种格式。

在 Excel 2010 中，还可以使用"条件格式"中的数据条、色阶和图标集直观地显示数据。读者可以自行操作使用（图中未显示总分列）。

在一个区域中如果要设置多个条件格式，选定单元格区域后，在"样式"组中选择"条件格式"→"管理规则"命令，然后在弹出的"条件格式规则管理器"对话框中设置。

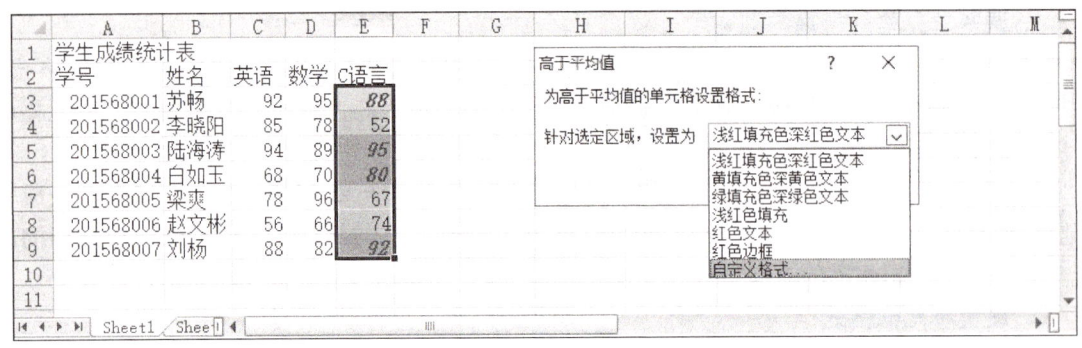

图 3.13　设置条件格式应用示例图

如果想清除条件格式，打开"条件格式"下拉列表，选择"清除规则"→"清除所选单元格的规则"命令。

3.4　使用图表

Excel2010 提供了多种图表类型和格式，系统根据用户提供的数据，可以按柱形图、折线图、饼图、面积图等方式显示，使工作表中的数据更形象直观地表达出来。

3.4.1　创建图表

在 Excel 中，既可以创建嵌入式图表，也可以创建图表工作表。在嵌入式图表中，数据和图表在同一张工作表上，可同时显示和打印；而图表工作表则是在数据工作表之前插入一张名为 Chart$n$（$n=1,2,3,\cdots$）的单独图表，只能分别显示和打印。两类图表都链接到它表示的工作表数据，所以在改变工作表中的数据时，图表中对应的数据项将自动更新。

创建图表一般使用"插入"选项卡"图表"组中的命令来完成。

例 3.6　以图 3.13 中的数据为依据创建嵌入式柱形图表，比较前 3 位学生的英语和 C 语言两门课程的成绩。

操作步骤：选定图表数据源后，单击"插入"选项卡"图表"组中的"柱形图"按钮，在其列表框中选择一种图表样式，即可完成图表的创建，操作结果如图 3.14 所示。

需要说明的是，图表数据源是制成图表的数据区域，可以连续，也可以不连续。如果选定的区域不连续，则所选区域的行数或者列数要对应一致，并且要包含区域的最上行和最左列文字，它们将形成说明图表中数据含义的轴标题。

对已经创建的图表，如果想改变其图表类型，单击图表，选择"图表工具|设计"选项卡"类型"组中的"更改图表类型"按钮，从"更改图表类型"对话框中选择一种需要的图表类型及子图表类型。单击"图表工具|设计"选项卡"数据"组中的"切换行/列"按钮，将交换横/纵坐标轴上的数据。

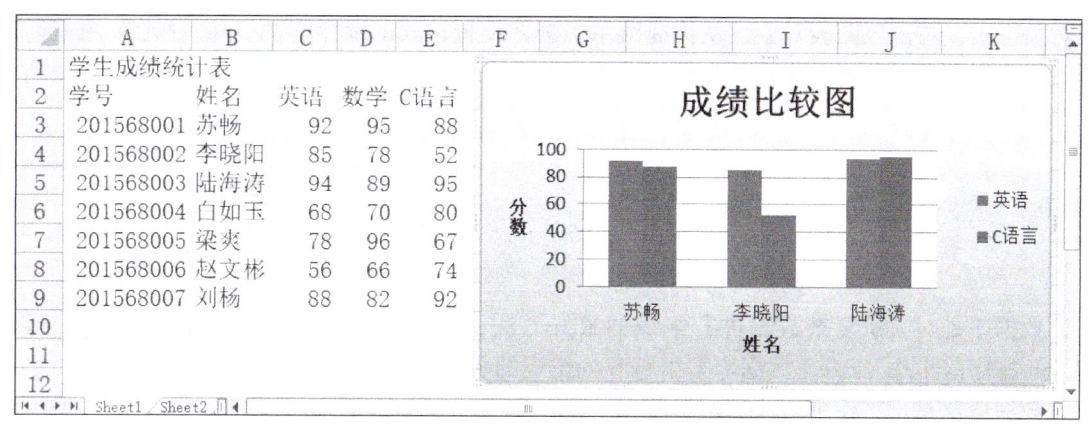

图 3.14　图表的创建及格式化示例图

3.4.2　图表的编辑与格式化

1. 图表的编辑

编辑图表是指对图表及图表对象，如图表标题、分类轴、图例等进行编辑。

要对图表进行编辑，首先要选定图表。对于嵌入式图表，单击图表区中的任何地方可选定该图表，处于选定状态的图表周围会有一个亮蓝色的矩形框（其中含有 8 个句柄）。选定图表可进行如下操作。

（1）图表的基本操作

选定图表后可以进行图表的移动、复制和调整大小的操作。调整图表大小时，用鼠标拖动一个角句柄会同时改变宽度和高度，拖动边线句柄只改变宽度或高度。如果按 Delete 键，可删除整张图表。

（2）图表对象的操作

要对图表对象进行操作，先选定图表。如在创建图表时未加标题、坐标轴标题、数据标志、图例等，可使用"图表工具 | 布局"选项卡"标签"组或"坐标轴"组中的命令为已建好的图表添加上述内容，从而使显示的数据更清楚。

（3）图表中数据系列的操作

数据系列的操作指对图表中的任一系列单独进行操作，而不是对整个图表。

重排系列次序：选择"图表工具 | 设计"选项卡"数据"组中的"选择数据"命令，在弹出的"选择数据源"对话框"图例项"列表框中单击要调整的"系列项"；通过"上移"或"下移"按钮进行调整。

为数据系列增加显示值：选择欲设置系列的任一数据条；单击"图表工具 | 布局"选项卡"标签"组中的"数据标签"按钮；在列表框中选择一种数值显示样式。

2. 图表的格式化

图表的格式化是指对图表区域和图表标题、图例、数值轴和分类轴等图表对象设置格式。其方法是：选择图表，利用"图表工具 | 格式"选项卡中的命令进行设置；如果要设置图

表对象格式，右击该图表对象，从快捷菜单中选择设置格式的命令。图 3.14 显示了图表创建后进行了图表布局设置及格式化等操作后的结果。

3.5 数据清单

数据库是对大量复杂数据进行组织的最好方法，用户通过数据库可以方便地进行查询、统计、排序等工作。Excel 数据库是由行和列组成的数据记录的集合，又称为数据清单。

数据清单是指工作表中连续的数据区，每一列包含着相同类型的数据。因此，数据清单是一张有列标题的特殊工作表，可以直接在工作表中输入和编辑。

数据清单由记录、字段和字段名 3 个部分组成。数据清单中的一行是一条记录；数据清单中的一列为一个字段，是构成记录的基本数据单元；字段名是数据清单的列标题，位于数据清单的最上面。字段名标识了字段，Excel 根据它们进行排序、检索以及生成报表。在工作表上输入数据建立数据清单应注意以下几点。

① 在数据清单的第 1 行创建字段名。字段名不能用数字、逻辑值、空白单元格等表示。
② 数据清单中不能存在全空的行或列；在单元格的开始处不要插入多余的空格。
③ 数据清单与其他数据间至少留出一列或一行空白单元格。

图 3.15 中的工作表就可以看作是一个数据清单。

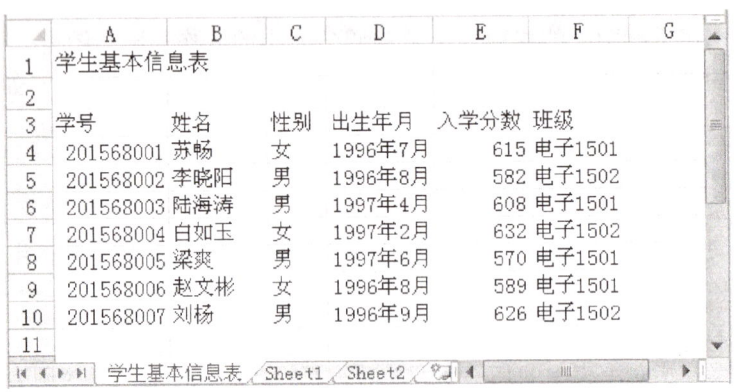

图 3.15　数据清单

3.5.1　排序和筛选

1. 排序

排序可以将数据清单按某种规定顺序显示。排序的字段名通常称为关键字。Excel 2010 允许同时对多个关键字进行排序。

例 3.7　对图 3.15 中的学生基本信息表分班级、按性别及入学分数重新排列。

操作步骤：单击数据清单任一单元格；单击"数据"选项卡"排序和筛选"组中的"排序"按钮，按照图 3.16"排序"对话框进行设置，"选项"按钮用于设置排序的方向和方法，图 3.17 为排序结果。

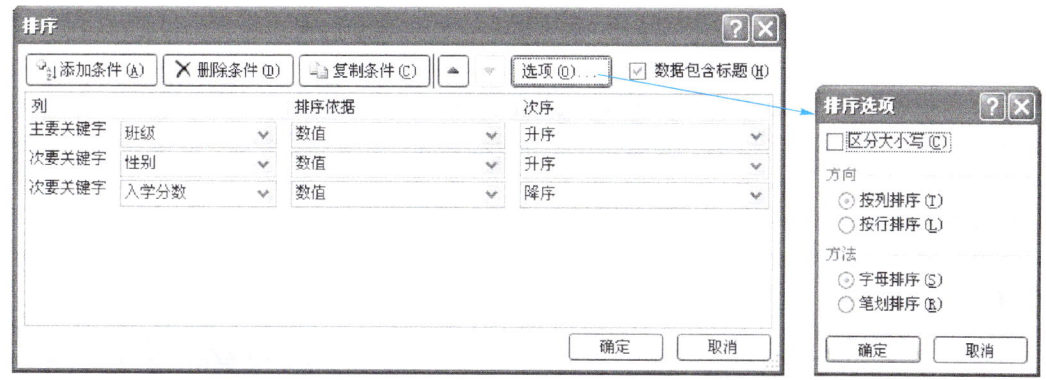

图 3.16　"排序"及"排序选项"对话框

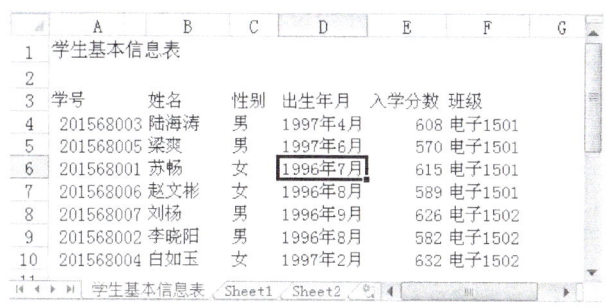

图 3.17　排序结果

2. 筛选

数据筛选就是按要求找出符合若干条件的记录并显示，而不是显示所有数据。

筛选包括自动筛选和高级筛选两种。自动筛选是将不满足条件的记录暂时隐藏起来，只显示满足条件的记录，筛选结果在原有区域显示；高级筛选一般用于条件较复杂的筛选操作，通过"高级筛选"对话框指定筛选的数据区，筛选结果可在原有区域或某一指定区域显示。

（1）自动筛选

自动筛选是按单个字段建立筛选条件，多字段间的筛选关系为"与"，适用于简单条件的筛选。

例 3.8　查找图 3.15 中 1996 年 9 月（含 9 月）至 1997 年 6 月之前出生的男同学的记录。

本题包括性别和出生年月两个筛选条件。性别的筛选条件是单一条件，直接在下拉列表中选择；出生年月的筛选条件是复合条件，使用"自定义筛选"对话框。筛选结果如图 3.18 所示。

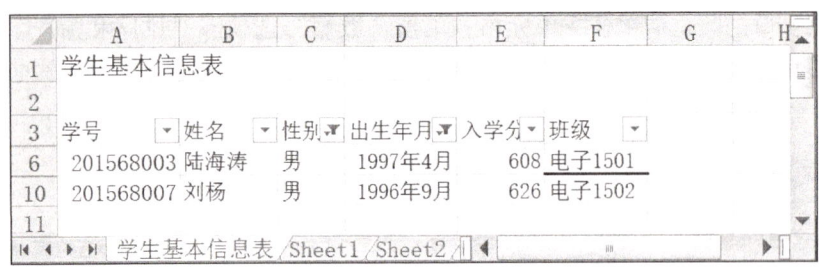

图 3.18 自动筛选结果

如果要恢复显示原数据清单的所有记录,而不退出筛选状态,选择"开始"选项卡"编辑"组中的"排序和筛选"→"清除"命令;若要关闭自动筛选,取消筛选箭头,应单击"排序和筛选"按钮,再次选择"筛选"。

(2)高级筛选

使用高级筛选必须在数据清单以外的位置建立条件区域,且与数据区之间留出空行。条件区域的首行为数据清单中需设置筛选条件的字段名,筛选条件从第 2 行开始设置。同行上的条件为"与"关系,不同行之间为"或"关系。

如在图 3.15 中要查找"入学分数"高于 600 分,或"班级"为电子 1502 班的男同学的记录,应该使用高级筛选。图 3.19 示出了筛选条件区域设置,以及筛选结果在原工作表中显示的情况。

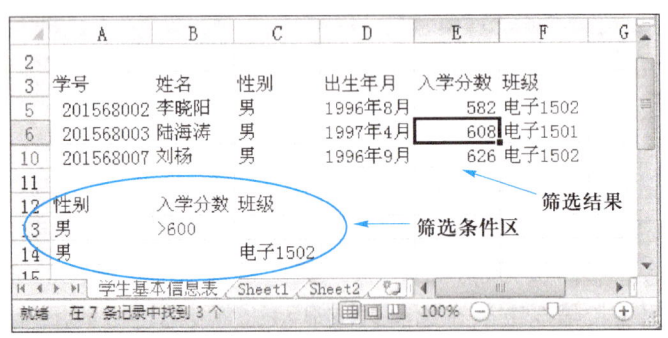

图 3.19 高级筛选示例图

3.5.2 分类汇总

分类汇总就是对数据清单中的某一字段进行分类,再按某种方式汇总并显示出来。在对某字段进行分类汇总前,必须先对该字段进行排序,以使分类字段值相同的记录排在一起。

例 3.9 按班级统计图 3.15 中的学生人数和入学平均分。

根据题意可知,应选"班级"字段为分类字段,汇总方式为计数和求平均值。因为汇总方式不一致,需要进行两次汇总。

图 3.20 显示了按照班级统计人数的对话框设置情况,

图3.21显示了最终汇总结果。

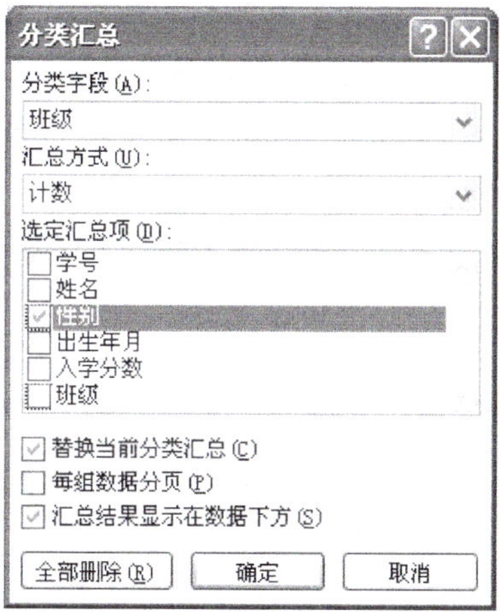

图3.20 "分类汇总"对话框

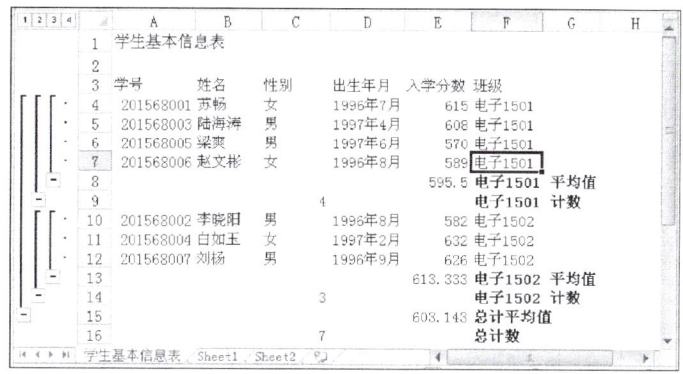

图3.21 按"班级"统计人数及入学平均分

由于分类汇总结果在原数据清单中是插入显示的，如果数据量大，查看汇总结果就不方便。经过分类汇总后形成的汇总表的左侧开辟了一个分级显示区。通过单击分级显示区上方的数字或某一分类汇总左侧的"+"或"-"按钮，可使汇总表的内容按用户的要求来显示。"-"或"+"号可以折叠或展开数据；单击数字序号可以只显示某一部分数据。

若想取消分级显示，只需选择"数据"选项卡中"分级显示"→"取消组合"→"清除分级显示"命令；若想取消分类汇总，选择"数据"选项卡中的"分类汇总"命令，在"分类汇总"对话框中单击"全部删除"按钮。

3.5.3 数据透视表

分类汇总通常只适用于按一个字段进行分类，对一个或多个字段进行汇总的情况。如果要求按多个字段进行分类并汇总，应使用数据透视表。

例3.10 统计"学生基本信息表"中各班级男女学生的人数。

本题既要按班级分类，又要按性别分类并汇总。

操作方法是：单击数据清单中的任一单元格，选择"插入"选项卡中的"表格"→"数据透视表"命令，显示"创建数据透视表"对话框；按照图 3.22 所示选定数据源区域以及确定存放数据透视表的位置，此处输入"Sheet3!A3"表明要在已有的工作表 Sheet3 中 A3 开始位置建立数据透视表。如果选中"新工作表"单选按钮，创建的数据透视表将在一张新工作表中显示。

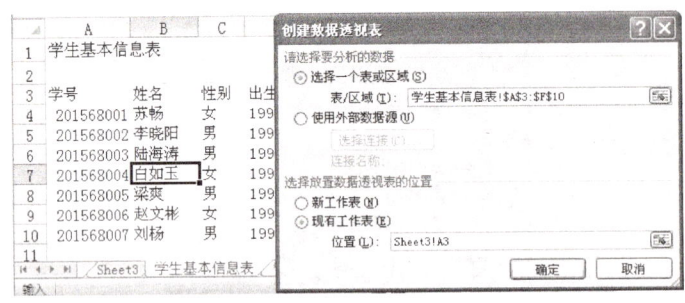

图 3.22 "创建数据透视表"对话框

单击"确定"按钮后，会显示设置数据透视表页面窗口，右击"班级"字段，选择"添加到行标签"命令，右击"性别"字段，分别选择"添加到列标签"和"添加到值"命令。字段设置情况和统计结果如图 3.23 所示。

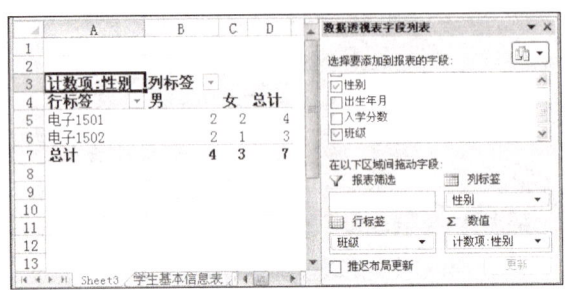

图 3.23 字段设置和统计结果

如果要求分别计算男女学生的入学平均分，可修改上述建立的数据透视表。

操作过程如下：将鼠标指针移动到"∑数值"框中的"计数项：性别"，按住鼠标左键将其拖出，再将"入学分数"字段拖动到"∑数值"框中。

应该指出，"计数"和"求和"是数据透视表默认的两种汇总方式（文字为计数，数值为求和）。此外，Excel 还提供了平均值、最大值、最小值等函数，用户可按要求进行选择。

本例中，需将"求和"改为"平均值"，方法为：单击"∑数值"框中的"求和项：入学总分"，在出现的快捷菜单中选择"值字段设置"命令，在"值字段设置"对话框中选择"平均值"项，并设置小数保留 1 位。按"班级"和"性别"统计入学平均分结果如图 3.24 所示。图中字段列表框中的字段节和区域节选择了并排的显示方式。

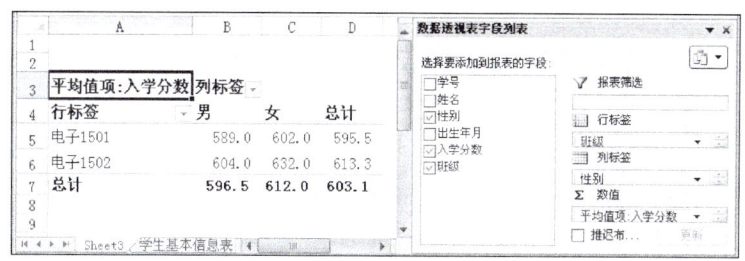

图 3.24 按"班级"和"性别"统计入学平均分

如果创建数据透视表的数据源发生变化,单击"数据"选项卡"连接"组中的"全部刷新"按钮,或者右击数据透视表,从快捷菜单中选择"刷新"命令均可将变化结果传递到建好的数据透视表中。如果数据透视表数据区中的字段较多,生成的数据透视表会很大,数据查看不方便。此时可将数据透视表分成若干页,每页仅显示一个项的数据。如将"班级"字段拖放到"报表筛选"中,就可以只按班级分页查看数据。

第二部分 实 验 项 目

实验一 工作表的建立与编辑

一、实验目的
① 掌握向工作表输入数据的方法。
② 掌握对单元格中数据的编辑方法。
③ 学习使用公式与函数。
④ 掌握工作表格式化的方法。

二、实验内容
1. 建立和编辑工作表

(1) 启动 Excel 2010

启动 Excel 2010,在空白工作簿的 Sheet1 中按表 3.3 输入数据。

表 3.3 学生成绩统计表

姓 名	英语	计算机基础	工科数学	总分	平均分	优秀否
郑晓桐	85	88	97			
肖海亮	78	85	86			
李艳艳	91	86	85			

续表

姓　　名	英语	计算机基础	工科数学	总分	平均分	优秀否
白露	88	94	92			
张建超	78	65	55			
林莉莉	86	90	88			
赵刚	56	72	66			
马丽	76	94	84			
每科平均分						
每科最高分						
每科优秀率						

（2）保存工作簿

以"练习1.xlsx"为文件名保存该工作簿到桌面，并在以下操作过程中注意保存文件。

（3）输入工作表标题和制表日期及制表人

在所建表格的上面插入两空白行，输入工作表标题"电子系部分学生三科成绩表"和制表日期及制表人。

【操作方法】

① 拖动鼠标指针选择第1行和第2行，右击后从快捷菜单中选择"插入"命令，即可插入两空白行。

② 在A1单元格中输入"电子系部分学生三科成绩表"。

③ 在A2单元格中输入制表日期。

④ 在G2中输入"制表人：×××"。

2. 工作表的计算

（1）利用自动求和功能求出所有学生的总分

【操作方法】

① 选择单元格区域B4:E11，如图3.25所示。

② 单击"开始"选项卡"编辑"组中的"求和"按钮，即可同时求出每个人的总分。

（2）利用"求和"按钮求平均分

【操作方法】

① 选择F4单元格，单击"求和"按钮右边的下拉箭头。

② 从出现的菜单中选择"平均值"选项。

③ 修改求平均值区域为B4:D4。

其他学生的平均分可拖动填充柄复制公式完成。

（3）用IF函数找出平均分≥90的学生，并用"优秀"字样显示

【操作方法】

① 选择G4单元格。

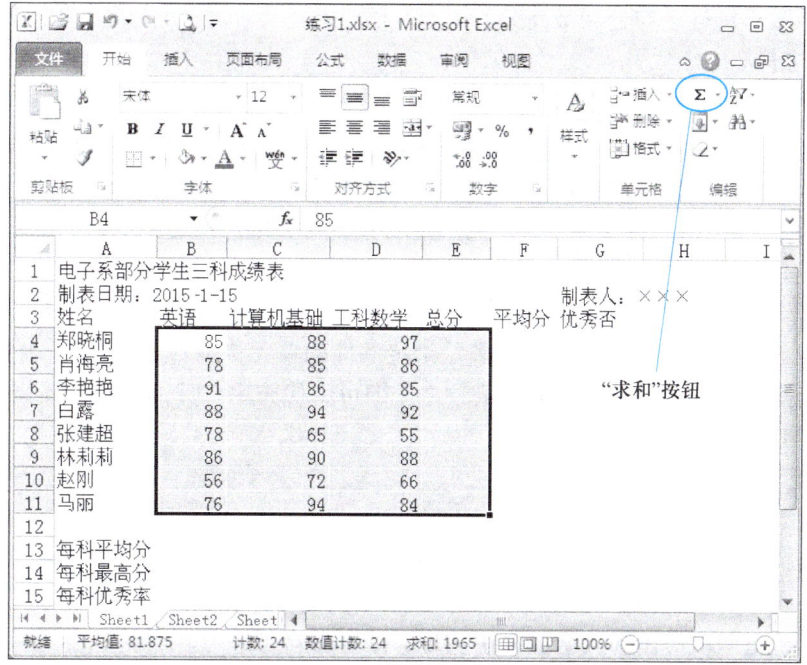

图 3.25　利用"求和"按钮求总分

② 单击编辑栏中的"插入函数"按钮，选择 IF 函数。
③ 在 IF 函数第 1 参数输入框中输入要查找的条件"F4>=90"。
④ 在第 2 文本框中输入满足查找条件需要显示的字样"优秀"。
⑤ 在第 3 文本框中可输入一个空格，表示不满足所给条件时无须显示任何字样，否则系统将默认显示"False"。

以上参数的输入情况如图 3.26 所示。在编辑栏中也可以看到 G4 单元格中显示的输入公式的结果。

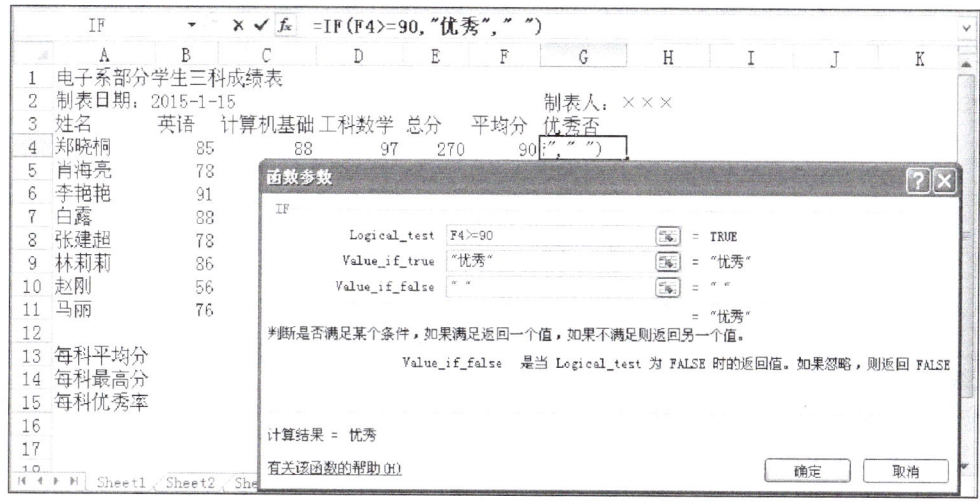

图 3.26　用 IF 函数计算并显示"优秀"字样

(4) 用函数求每科平均分和最高分

【操作方法】

① 单击 B13,单击编辑栏中的"插入函数"按钮。

② 选择 AVERAGE 函数求出英语的平均分,其他科目的平均分用拖放特性完成。

③ 单击 B14,单击编辑栏中的"插入函数"按钮。

④ 选择 MAX 函数求出英语的最高分,其他科目中的最高分用拖放特性完成。

(5) 统计每门课程的优秀率

用 COUNTIF 和 COUNT 函数统计每门课程的优秀率。(注:≥90 分为优秀)。

COUNTIF 函数可以计算某个区域中满足给定条件的单元格数目;COUNT 函数可以计算包含数字的单元格个数。因此,通过两个函数之比即可得优秀率。具体操作步骤如下。

在单元格 B15 中直接输入

```
=COUNTIF(B4:B11,">=90")/COUNT(B4:B11)
```

即可算出英语科目的优秀率,其他科目的优秀率用拖放特性完成,计算结果用百分数表示。

注意:上述公式中的所有符号均在西文状态下输入,西文双引号即是双撇号" "。

上述操作也可两次应用插入函数方法实现,读者可自行练习。

(6) 显示学生成绩等级

应用垂直查表函数 VLOOKUP,按照优秀(≥90)、良好(≥75,<90)、及格(≥60,<75)和不及格(<60)4 级显示 Sheet1 中学生英语课的成绩。

【操作方法】

① 将区域 A3:B11 的数据复制到工作表 Sheet2 中 A2 开始位置,在 C2 中输入"英语成绩等级"。

② 建立一个用于垂直查表函数的数据查询表,如图 3.27 的区域 E4:F7。

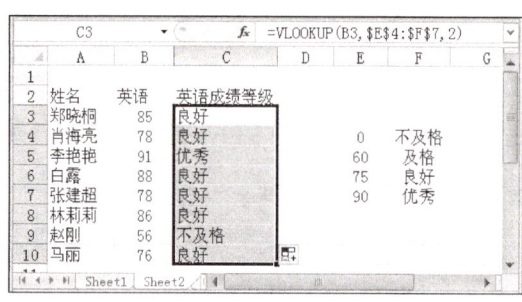

图 3.27 VLOOKUP 函数应用结果

③ 选择单元格 C3,然后单击编辑栏中的"插入函数"按钮,选择 VLOOKUP 函数,在"函数参数"设置对话框中输入相应参数,如图 3.28 所示。

④ 拖动复制该公式到 C4:C10 显示其他学生的成绩等级,如图 3.27 的 C 列所示。

3. 工作表的格式化

对"练习 1"中的 Sheet1 工作表进行格式化。

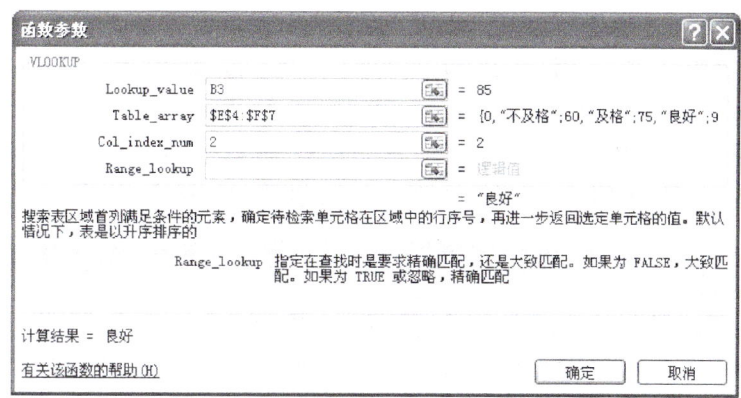

图 3.28　VLOOKUP 函数参数设置对话框

（1）工作表基本格式的设置

① 设置标题行字体为华文新魏，16 号字，合并及居中显示。

② 将制表日期及制表人设置为楷体_GB2312，11 号字，其余文本用宋体，12 号字；G2 单元格中"制表人：×××"设置为右对齐。

③ 将表中栏目名加粗，姓名分散对齐，其余居中显示。

④ 将数字设置为斜体，平均分保留 1 位小数。

⑤ 优秀率用百分数表示，保留 2 位小数。

（2）为单科分数区设置条件格式

为单科分数区 B4:D11 设置条件格式，当分数大于或等于 90 分时用深蓝色加粗倾斜字体显示，当分数小于 60 分时用红色加粗字体显示。

【操作方法】

① 选择单科分数区域 B4:D11。

② 在"开始"选项卡中，单击"样式"组中的"条件格式"→"管理规则"命令，显示"条件格式规则管理器"对话框；单击"新建规则"按钮，在如图 3.29 所示的"新建格式规则"对话框中输入设置的条件。

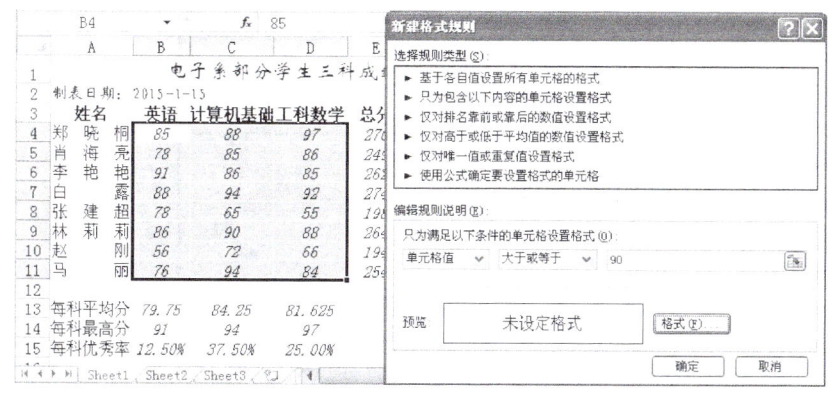

图 3.29　"新建格式规则"对话框

③ 单击图 3.29 中"格式"按钮,弹出"设置单元格格式"对话框,选择"字体"选项卡,字体颜色设置为"深蓝,文字 2,深色 25%",字形设置为加粗、倾斜,单击两次"确定"按钮后回到"条件格式规则管理器"对话框。

④ 再次单击"新建规则"按钮,按照上述方法设置第 2 个条件格式,将字体颜色设置为"标准红色",字形设置为加粗。设置后的"条件格式规则管理器"对话框如图 3.30 所示。

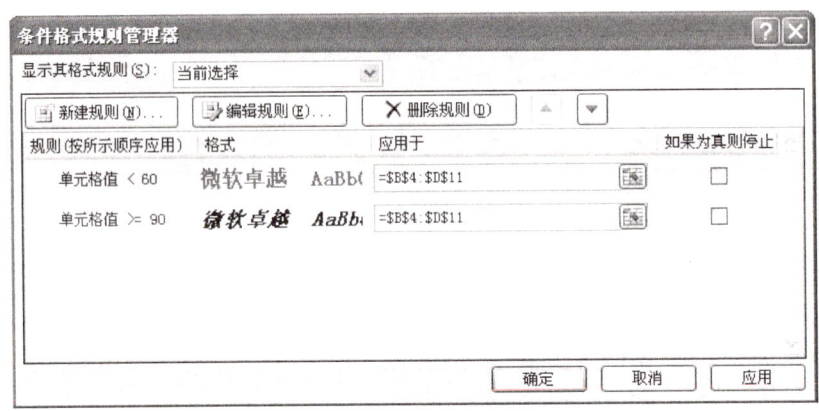

图 3.30 "条件格式规则管理器"对话框

如果对所设置的规则不满意,可以单击"编辑规则"按钮重新设置。

(3) 为具有"优秀"字样的单元格设置浅绿色底纹

【操作方法】

① 单击 G4 单元格。

② 在"开始"选项卡中,单击"样式"组中的"条件格式"→"新建规则"命令,弹出"新建格式规则"对话框,在"选择规则类型"列表框中选择"使用公式确定要设置格式的单元格"选项,输入如图 3.31 所示的条件。

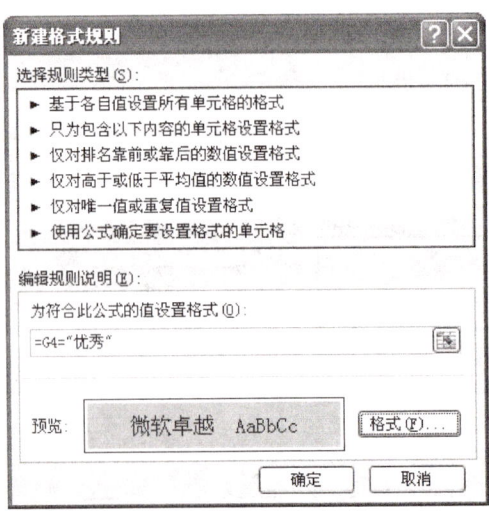

图 3.31 为符合公式的值设置条件格式

③ 单击“格式”按钮，在“设置单元格格式”对话框中选择“填充”选项卡，在背景色区选择标准浅绿色（即最底行第 5 个颜色块）。

④ 单击“确定”按钮后，用鼠标拖动复制该格式到 G11。设置效果如图 3. 32 所示。

（4）设置单元格边框线

按图 3. 32 所给样式设置单元格边框线。最后，将工作簿文件“练习 1. xlsx”保存到自备 U 盘上，退出 Excel 2010。

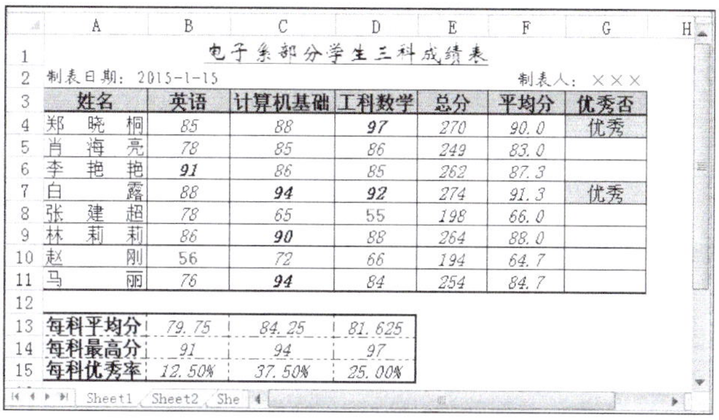

姓名	英语	计算机基础	工科数学	总分	平均分	优秀否
郑晓桐	85	88	97	270	90.0	优秀
肖海亮	78	85	86	249	83.0	
李艳艳	91	86	85	262	87.3	
白露	88	94	92	274	91.3	优秀
张建超	78	65	55	198	66.0	
林莉莉	86	90	88	264	88.0	
赵刚	56	72	66	194	64.7	
马丽	76	94	84	254	84.7	
每科平均分	79.75	84.25	81.625			
每科最高分	91	94	97			
每科优秀率	12.50%	37.50%	25.00%			

图 3. 32　工作表的计算与格式化效果

三、练习

1. 给定职工基本数据如表 3. 4 所示。

表 3. 4　职工工资表

姓名	工龄	部门	基本工资	奖金	应发工资	会费	实发工资
王军	9	市场部	1 852	750			
刘新勇	10	技术部	1 966	650			
肇海	13	市场部	2 058	670			
李燕	5	技术部	1 654	750			
李海燕	7	技术部	1 795	880			
王大为	15	市场部	2 205	840			

操作要求：

① 按所给表格建立一张名为“工资表”的工作表。

② 在表格的最上端插入 1 行，输入标题“职工工资表”。

③ 试计算应发工资、会费和实发工资。（提示：会费按基本工资的 5‰缴纳。）

④ 试用 sumif 函数计算工龄少于 10 年的职工基本工资和。

⑤ 对工作表按如下要求进行格式化。

a. 将标题字体设置为华文行楷，16 号字，合并居中，加下划线显示。

b. 将标题行设置为浅绿色背景；将表中数字居中、斜体显示，设置 2 位小数。

c. 将单元格边框设置为细虚线，表格外框设置为双实线。

d. 其余按图 3.33 所示设置。

操作结果如图 3.33 所示。

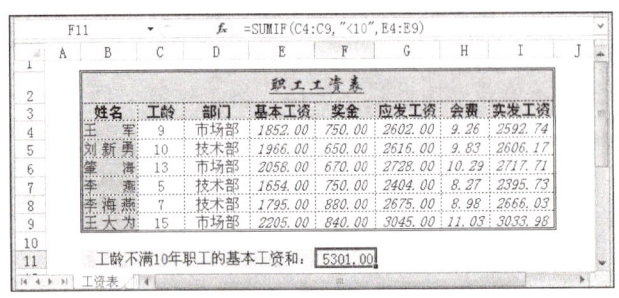

图 3.33 "工资表"操作结果参考示例

2. 给定库存量统计数据如表 3.5 所示。

表 3.5 库存量统计表

库存量统计表			
			制表日期：yyyy 年 mm 月 dd 日
产 品 名 称	入 库 数 量	出 库 数 量	库 存 数 量
洗衣机	760	530	
电冰箱	850	760	
电视机	1 200	950	
家庭影院	880	350	
空调机	740	340	

要求：

① 按所给表格格式输入数据，将工作表命名为"库存量"。

② 将工作表标题合并居中并加下划线显示，字体设置为楷体，字号设置为 14。

③ 计算库存数量（＝入库数量－出库数量）。

④ 对库存数量设置条件格式，当库存数量少于 100 时将单元格设置为"浅红色填充，深红色加粗倾斜文本"；当库存数量多于或等于 400 时将单元格设置为"浅黄色填充，深绿色加粗文本"。

提示：利用"条件格式"，进入"突出显示单元格规则"或"管理规则"进行设置。

⑤ 将单元格边框设置为细实线。

⑥ 在标题行下面输入制表日期（要求制表日期是动态的，随当前日期的变化而变化），合并单元格后右对齐，日期格式选"长日期"。

⑦ 将栏目名行和产品名称列设置为茶色背景 2，深色 25%，标题背景设置为浅绿色；操作结果如图 3.34 所示。

⑧ 将"库存量"工作表中的 A3:D8 转置复制到 B12 单元格起始位置，再将标题行复制到 B10 开始位置，并按图 3.35 样式进行编辑。

	A	B	C	D
1	今日库存量			
2				2015年3月2日
3	产品名称	入库数量	出库数量	库存数量
4	洗衣机	760	530	230
5	电冰箱	850	760	90
6	电视机	1200	950	250
7	家庭影院	880	350	530
8	空调机	740	340	400

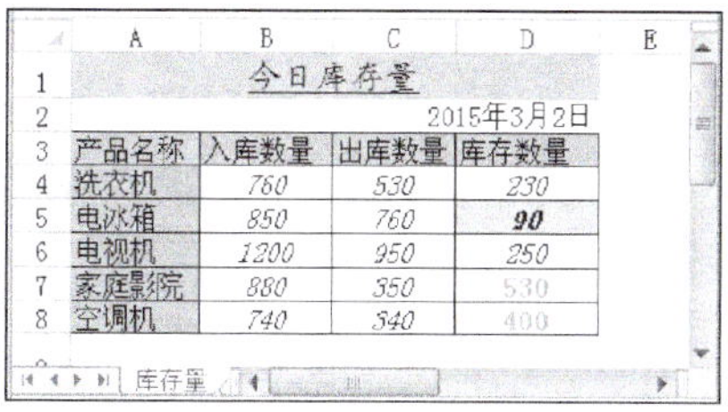

图 3.34 “库存量”操作结果

提示：转置复制时需先选择要复制的单元格区域 A3:D8，然后定位到目标区域的起始单元格 B12，选择“粘贴”下拉箭头，单击“转置”按钮。

⑨ 建立一个水平查询数据表，然后用水平查表函数 HLOOKUP 显示库存状态。当库存量少于 100 时显示“需进货”，当库存量大于及等于 400 时显示“库存量大”。

⑩ 单元格边框设置为细实线，表格外框设置为粗点划线。

显示库存状态的操作结果如图 3.35 所示。

	B	C	D	E	F	G
10	今日库存量					
11						2015年3月2日
12	产品名称	洗衣机	电冰箱	电视机	家庭影院	空调机
13	入库数量	760	850	1200	880	740
14	出库数量	530	760	950	350	340
15	库存数量	230	90	250	530	400
16	库存状态		需进货		库存量大	库存量大

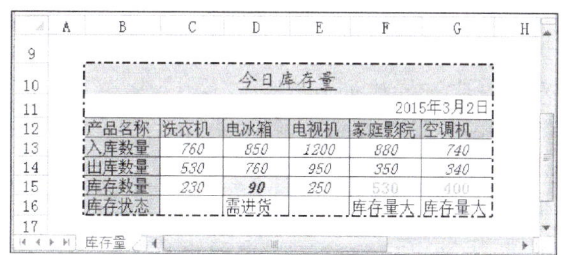

图 3.35 显示库存状态的操作结果

实验二　工作表的基本操作

一、实验目的

① 掌握工作表的插入、删除、移动、复制及重命名方法。

② 掌握工作表的保护方法。

③ 学习分页和分页预览方法。

二、实验内容

1. 工作表的基本操作

（1）插入与删除工作表

启动 Excel 2010，新建一空白工作簿，以“练习 2. xlsx”为文件名保存到桌面。在当前工作簿中插入 3 张工作表，然后再删除其中的一张。

（2）重命名工作表

打开已有的工作簿“练习 1. xlsx”。将 Sheet1 中的内容复制到 Sheet3 中，并将 Sheet3 重命名为“成绩单”。

【操作方法】

① 用鼠标指针拖动选择要复制的内容，单击"复制"按钮。

② 选择 Sheet3 标签，单击 A1 单元格，再单击"粘贴"按钮。

③ 双击 Sheet3 标签，直接输入工作表名"成绩单"。

（3）移动或复制工作表

将工作簿"练习 1.xlsx"中的工作表"成绩单"复制到"练习 2.xlsx"中。

【操作方法】

① 右击"成绩单"标签，从快捷菜单中选择"移动或复制"命令。

② 在"移动或复制工作表"对话框的"工作簿"下拉列表框中选择"练习 2.xlsx"，并选中"建立副本"复选框。

③ 将"成绩单"工作表移动到最前面，并将"练习 2.xlsx"中的"成绩单"工作表重命名为"成绩图"。

（4）重排窗口

【操作方法】

① 切换到"视图"选项卡，单击"窗口"组中的"全部重排"按钮。

② 在"重排窗口"对话框中选择排列方式。

将工作簿文件"练习 2.xlsx"保存到自备的 U 盘上。

2. 工作表的保护

（1）为工作表设置保护

对工作簿"练习 1.xlsx"中的工作表 Sheet1 设置保护，不允许修改内容，但可以为工作表设置格式。

【操作方法】

① 打开工作簿"练习 1.xlsx"，选择工作表 Sheet1。

② 选择"审阅"选项卡中的"保护工作表"命令，弹出"保护工作表"对话框。

③ 在"保护工作表"对话框中选中"保护工作表及锁定的单元格内容"复选框。

④ 在"允许此工作表的所有用户进行"列表框中选中相应的选项。

⑤ 输入取消工作表保护时使用的密码，如图 3.36 所示。

（2）取消保护工作表

【操作方法】

① 单击"审阅"选项卡中的"撤销工作表保护"按钮，弹出"撤销工作表保护"密码输入框。

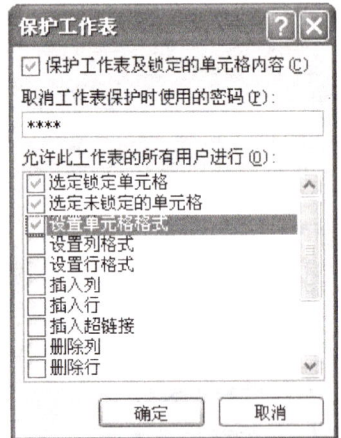

图 3.36 "保护工作表"对话框

② 输入保护密码，可解除对该工作表的保护。

3. 分页与分页预览

当工作表数据量很大时，Excel 会自动为工作表分页，将数据分配在几张打印纸上输出。如果想自行控制分页的位置，可以通过插入分页符的方法来实现。

(1) 插入分页符

分页符有水平分页符和垂直分页符两种。单击另起一页的起始行号，或选择该行最左边的单元格，将插入水平分页符；如果单击另起一页的起始列标，或选择该列最上面的单元格，将插入垂直分页符。也可以同时插入水平分页符和垂直分页符，将工作表分为 4 个部分。

【操作方法】

① 单击图 3.32 中要分页的定位点 E12 单元格，切换到"页面布局"选项卡。

② 选择"页面设置"组中的"分隔符"→"插入分页符"命令，在 E12 单元格的左边和上方同时出现两条分页符，如图 3.37 所示。

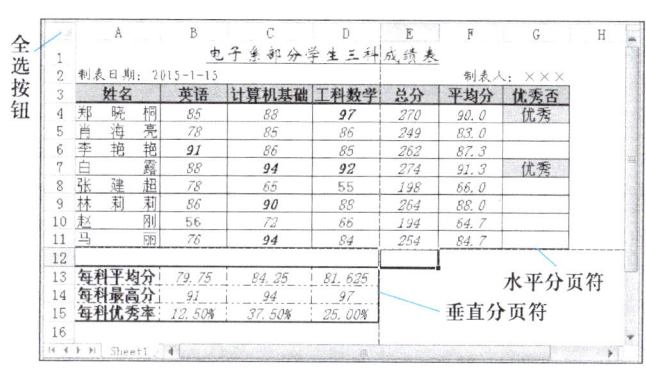

图 3.37　插入分页符示例

(2) 打印标题

分页后，如果需要在其他页中打印标题行或标题列，则单击"页面布局"选项卡"页面设置"组中的"打印标题"按钮，在弹出的"页面设置"对话框的"工作表"选项卡中，选择"顶端标题行"或"左端标题列"选项来设置所需要打印的标题区域。

(3) 删除分页符

【操作方法】

① 选择分页符的下一行或右一列的任一单元格。

② 选择"页面设置"组中的"分隔符"→"删除分页符"命令。

如果单击"全选"按钮后，再选择"分隔符"→"重置所有分页符"命令，可删除工作表中手工插入的分页符，并按系统默认的格式重置所有分页符。

(4) 分页预览

分页预览允许用户在窗口中直接查看工作表的分页情况，如果对插入的分页符位置不满意，可以在分页预览窗口用鼠标方便地进行调整。

【操作方法】

① 分页后选择"视图"选项卡"工作簿视图"组中的"分页预览"命令，显示分页预览窗口。

② 若想改变分页符位置，将鼠标指针移到分页线上，当其变为双向箭头时按下鼠标左键，拖动分页线到合适的位置。

选择"视图"选项卡"工作簿视图"组中的"普通"命令结束分页预览。

三、练习

1. 建立一个本班级同学的联系通信录。
① 进行窗口冻结操作。
② 进行保护工作表操作。
③ 插入分页符并进行分页预览。
④ 学习打印区域的设置。
2. 建立本学期的课程表，并将其保存到自备的 U 盘中。

实验三　图表的制作

一、实验目的
① 掌握创建图表的方法。
② 掌握图表的编辑与格式化操作。

二、实验内容

1. 建立图表

启动 Excel 2010，打开已有的工作簿"练习2.xlsx"。在"成绩图"工作表中创建嵌入的柱形图表，比较前 3 位学生的"计算机基础"和"工科数学"2 门课程的成绩，图表标题为"学生成绩比较图"。

【操作方法】
① 选择区域"A3:A6,C3:D6"。
② 单击"插入"选项卡"图表"组中的"柱形图"下拉箭头。
③ 在下拉列表中选择"簇状柱形图"子图表类型，即可完成嵌入式图表的建立。
移动、调整图表到合适的位置和大小，如图 3.38 所示。

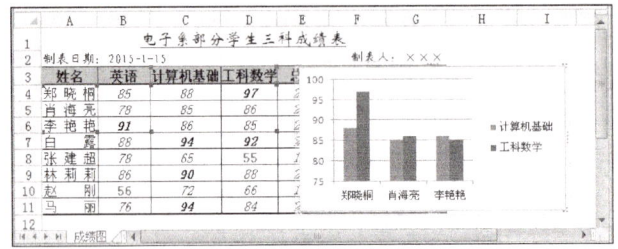

图 3.38　创建的嵌入式图表

2. 编辑图表

（1）更改图表类型
将图 3.38 的图表类型改为簇状圆柱图。

【操作方法】
① 单击图表，选择"图表工具|设计"选项卡，单击"类型"组中的"更改图表类型"按钮。

② 在出现的"更改图表类型"对话框中选择"柱形图"及"簇状圆柱图"子图表类型。
③ 在"图表样式"组中选择一种需要的样式，如"样式10"。
（2）删除、添加、调整图表数据系列
删除图表中的"计算机基础"数据系列，添加"英语"和"总分"数据系列进行比较，并将"英语"系列移到"工科数学"前。
【操作方法】
① 单击图表区中的"计算机基础"数据系列，按 Delete 键。
② 选择"英语"和"总分"数据区"B3:B6,E3:E6"，单击"复制"按钮。
③ 选择图表区，单击"粘贴"按钮。
④ 单击"英语"数据系列，选择"图表工具|设计"选项卡"数据"组中的"选择数据"命令，显示"选择数据源"对话框。
⑤ 在图例文本框中选择"英语"，然后单击"上移"箭头即可将"英语"数据系列移到前面。
（3）为图表添加各类标题
对所建立的簇状圆柱图表添加标题、分类轴标题"姓名"及数值轴标题"分数"。
【操作方法】
① 单击图表，切换到"图表工具|布局"选项卡。
② 选择"标签"组中的"图表标题"→"图表上方"命令，在出现的文本框中输入"学生成绩比较图"。
③ 选择"标签"组中的"坐标轴标题"命令，分别选择"主要横坐标轴标题"和"主要纵坐标轴标题"命令，在相应文本框中输入"姓名"及"分数"。
（4）为图表中的"英语"系列添加显示值
【操作方法】
① 单击"英语"数据系列，切换到"图表工具|布局"选项卡。
② 选择"标签"组中的"数据标签"命令，选择"显示"选项。
（5）添加文字
在图例区上面用文本框添加文字"图例"。

3. 格式化图表

（1）设置文字格式
① 将标题"学生成绩比较图"设置为华文彩云字体，16号字。
② 将"图例"两字设置为华文隶书，14号字。
（2）为绘图区填充颜色
【操作方法】
① 单击图表"绘图区"，切换到"图表工具|格式"选项卡。
② 在"形状样式"组中选择"形状填充"→"渐变"→"浅色变体"→"线性向上"样式。
（3）为图表区填充颜色

【操作方法】

① 单击"图表区",切换到"图表工具|格式"选项卡。

② 在"形状样式"组中选择"细微效果-橙色"。

创建的三维图表如图 3.39 所示。

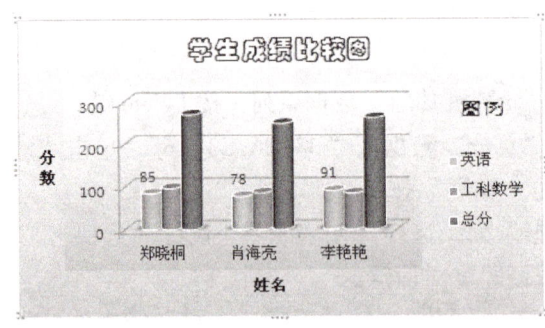

图 3.39　创建的三维图表

提示:如果三维视图扭曲显示,切换到"图表工具|布局"选项卡,单击"背景"组中的"三维旋转"按钮,在"设置图表区格式"对话框中选择"三维旋转"选项,选中"直角坐标轴"复选框。

4. 创建独立图表(Chart1)

根据图 3.32 中的数据,创建三维饼图比较马丽同学各科成绩占总分的百分比,结果保留两位小数。

【操作方法】

① 选择图表数据源 A3:D3 和 A11:D11。

② 在"插入"选项卡中,单击"图表"组中的"饼图"→"分离型三维饼图"按钮。

③ 单击"图表工具|布局"选项卡,选择"标签"组中的"数据标签"→"数据标签外"命令。

④ 右击数据标签,从快捷菜单中选择"设置数据标签格式"命令。在对话框的"数字"选项中设置数字类别为百分比,并将小数位数设为 2,其他"标签选项"设置如图 3.40 所示。

⑤ 输入图表标题"马丽单科成绩占总分百分比",删除图例。

⑥ 单击"图表工具|设计"选项卡,在"位置"组中选择"移动图表",在"移动图表"对话框中,选中"新工作表"单选按钮,可创建独立图表 Chart1,如图 3.41 所示。

操作完毕,将工作簿文件"练习 2.xlsx"保存到自备的 U 盘中。

三、练习

1. 以图 3.33 数据为基础,建立一个嵌入式三维堆积条形图表,比较前 4 位职工的基本工资和奖金的情况,并对图表进行格式化。

操作结果如图 3.42 所示。

2. 建立并计算工作表,创建堆积折线图。

(1) 按图 3.43 左侧所给数据建立工作表并计算总计。

(2) 创建带数据标记的堆积折线图,比较产品销售额随时间变化情况。

图3.40 "设置数据标签格式"对话框

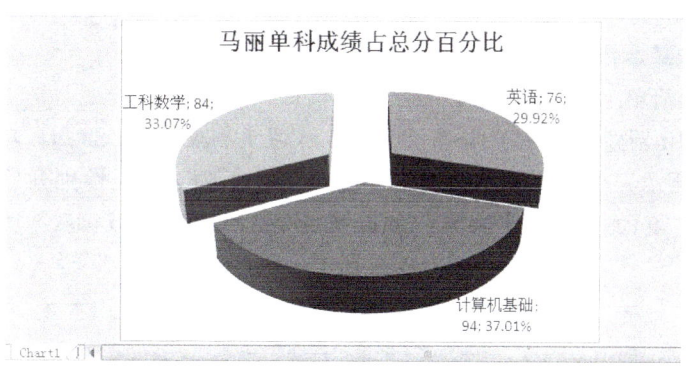

图3.41 创建独立图表示例

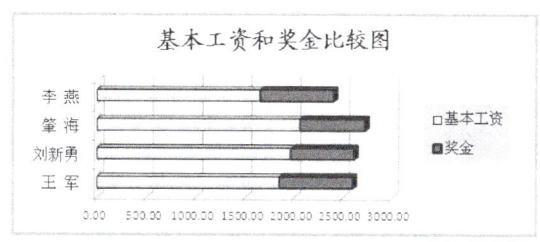

图3.42 三维堆积条形图

操作结果如图 3.43 右侧所示。

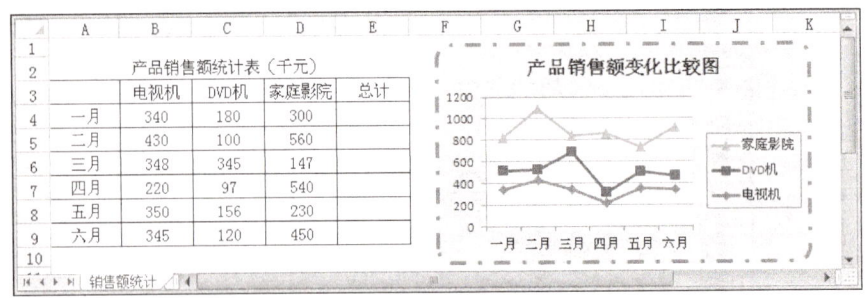

图 3.43　带数据标记的堆积折线图

实验四　数据清单的操作

一、实验目的
① 掌握数据清单的排序和筛选方法。
② 掌握数据清单的分类汇总方法。
③ 掌握数据透视表的建立及操作。

二、实验内容

1. 数据清单的基本操作

（1）建立数据清单

启动 Excel 2010 新建一空白工作簿。打开"练习 1.xlsx"，将 Sheet1 工作表中的 A3:E11 区域（如图 3.32 所示）数据复制到新建工作簿的 Sheet1 中，插入性别列后按图 3.44 所示数据格式进行编辑，重命名该工作表为"原始数据"，以"练习 3.xlsx"为文件名保存到桌面上。

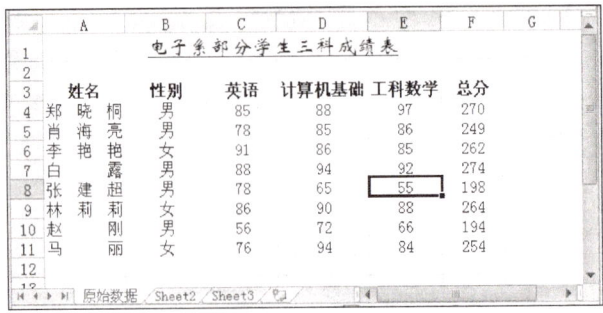

图 3.44　原始数据工作表

（2）排序

按性别（女生在前）及总分降序排序，将排序结果保存到"排序"工作表中。

【操作方法】

① 复制"原始数据"工作表,重命名为"排序"。

② 单击数据清单中的任一单元格,选择"开始"选项卡"编辑"组中的"排序和筛选"→"自定义排序"命令,显示"排序"对话框。

③ 在"排序"对话框的"主要关键字"文本框中选"性别","降序"排列。

单击"添加条件"按钮,在次要关键字文本框中选"总分"、"降序"排列。

排序结果如图 3.45 所示。

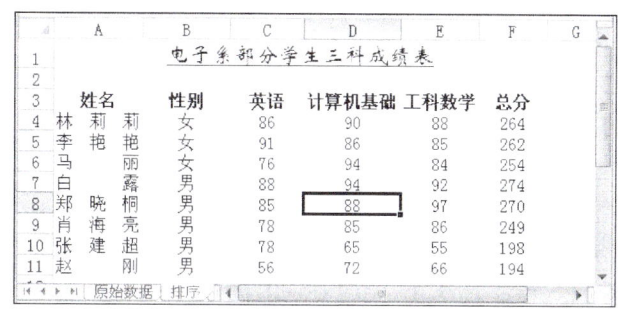

图 3.45 排序结果

(3) 自动筛选

用自动筛选的方法找出"原始数据"表中英语<90 分且总分≥260 分的女生的记录。

【操作方法】

① 单击数据清单中的任一单元格,选择"开始"选项卡"编辑"组中的"排序和筛选"→"筛选"命令。

② 单击"性别"字段旁的筛选箭头,勾选"女"选项。

③ 单击"英语"字段旁的筛选箭头,选择"数字筛选"→"小于"命令,显示"自定义自动筛选方式"对话框,按照要求设置筛选条件,如图 3.46 所示。

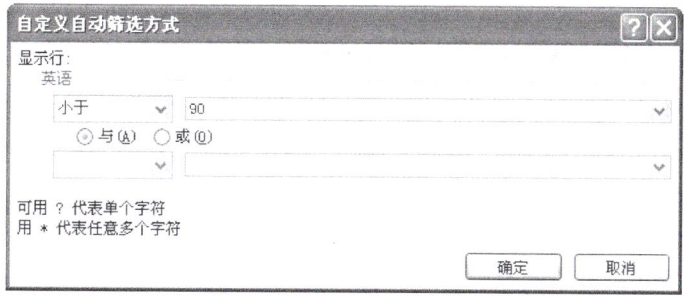

图 3.46 "自定义自动筛选方式"对话框

④ 单击"总分"旁的筛选箭头,选择"数字筛选"→"大于或等于"命令,在"自定义自动筛选方式"对话框中填写 260。

筛选结果如图 3.47 所示。在状态栏中也显示找到 1 个符合条件的记录。

如果要恢复显示原数据清单的所有记录,可以再次单击"数据"选项卡"排序和筛选"

组中的"筛选"按钮。

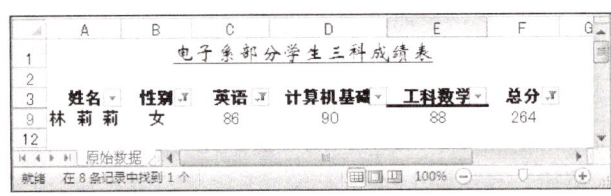

图 3.47　自动筛选结果

（4）高级筛选

用高级筛选的方法找出"原始数据"表中英语分数高于 80 分的男生或者英语分数高于 90 分且总分高于 260 分的女生的记录，并将筛选结果显示在 A13 开始位置。

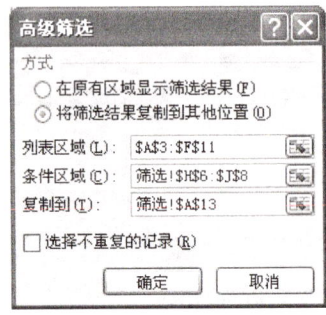

【操作方法】

① 复制"原始数据"工作表，命名为"筛选"。

② 建立高级筛选条件，参见图 3.49 中的 H6:J8 区域。

③ 单击数据清单中的任一单元格，选择"数据"选项卡"排序和筛选"组中的"高级"命令。

④ 在显示的"高级筛选"对话框中设置高级筛选方式，如图 3.48 所示。

图 3.48　"高级筛选"对话框

筛选结果如图 3.49 所示。

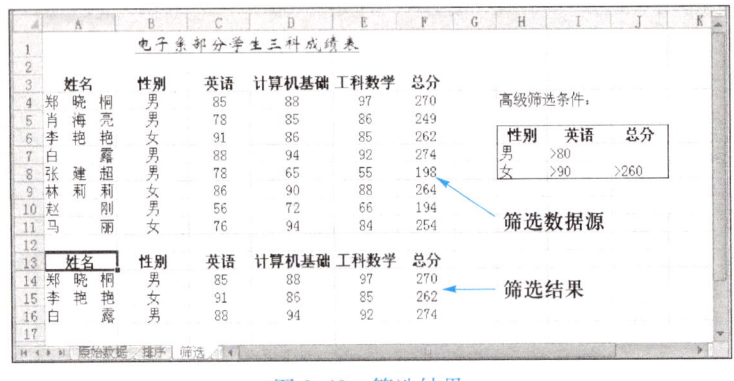

图 3.49　筛选结果

2. 数据的分类汇总

按性别分别求出男、女生的各科平均分，结果保留 1 位小数，并统计男、女生的人数。

【操作方法】

① 复制"原始数据"工作表，命名为"分类汇总"。

② 按性别进行排序，男生在前，女生在后。

③ 单击数据清单中的任一单元格，选择"数据"选项卡中的"分级显示"→"分类汇总"命令。

④ 按照图 3.50 所示的"分类汇总"对话框设置各选项，完成第一次汇总。

⑤ 再次单击"分类汇总"按钮,按图3.51所示样式填写"分类汇总"对话框中的选择条件。

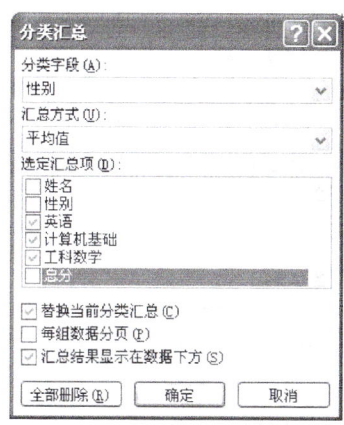

图3.50 按性别统计各科平均分设置条件

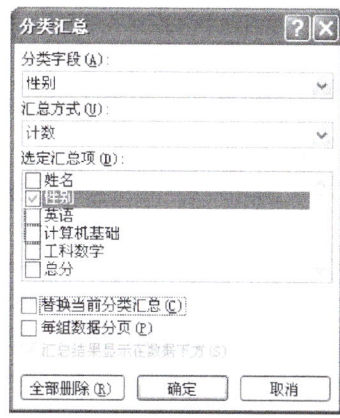

图3.51 在原汇总表上统计男女生人数的设置条件

⑥ 设置平均分的小数位数为1。

汇总后,将B10单元格中的"男平均值"移动到A10单元格中,否则总计数可能会出现错误的统计结果。调整后的分类汇总表如图3.52所示。

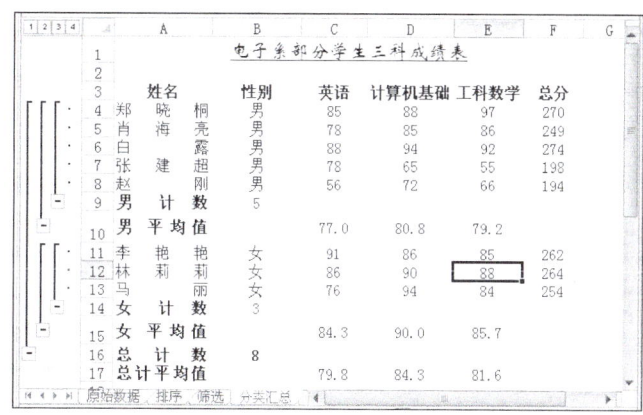

图3.52 分类汇总结果

3. 建立数据透视表

以"原始数据"工作表中的数据为基础建立数据透视表。

（1）按性别统计平均分

按性别分别统计3门课程的平均分（结果保留1位小数），并将分类字段"性别"置于行。

【操作方法】

① 单击"原始数据"工作表中的任一单元格,切换到"插入"选项卡,单击"数据透视表"按钮,选择"数据透视表"命令,弹出"创建数据透视表"对话框。

② 选择存放数据透视表的工作表名和起始位置,如Sheet2!$B$3,如图3.53所示。

③ 在"数据透视表字段列表"对话框中,将"性别"字段拖放到行标签区;依次勾选 3 门课程名复选框,则课程名字段自动列入数值区,汇总方式默认为求和。

④ 单击"∑数值"框中的"求和项:英语",从快捷菜单中选择"值字段设置"命令,在"值字段设置"对话框中选择"平均值"选项,如图 3.54 所示。单击"数字格式"按钮,在"设置单元格格式"对话框中选择数值类型,并设置小数位数为 1。

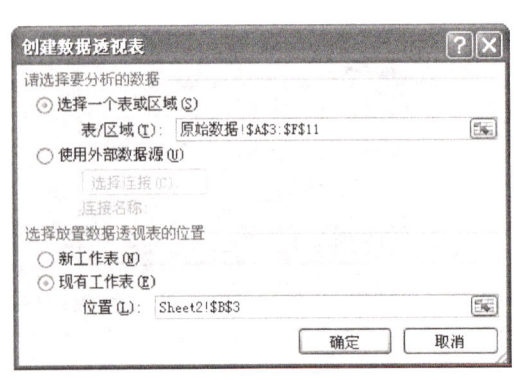

图 3.53 "创建数据透视表"对话框　　图 3.54 "值字段设置"对话框

⑤ 用同样方法将另外 2 门课程的汇总方式也更改为求平均值。

⑥ 重命名该工作表为"数据透视表 1"。所建数据透视表和字段列表设置如图 3.55 所示。

如果将"性别"字段拖动到列标签处,将"∑数值"拖动到行标签处,则数据透视表将按列来显示统计结果。设置了"数据透视表样式深色 3"后的情况如图 3.56 所示。

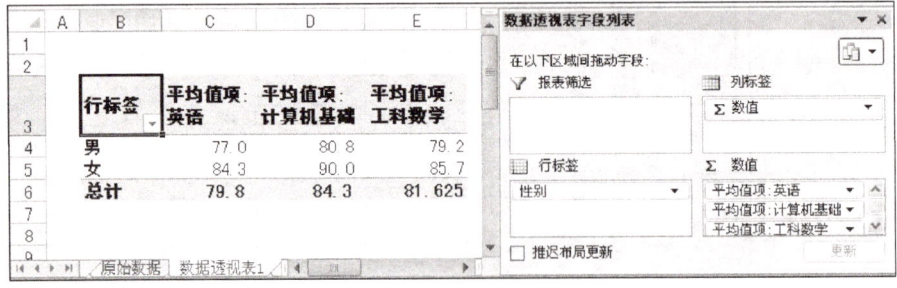

图 3.55 分类字段位于行的显示结果和其字段列表设置图

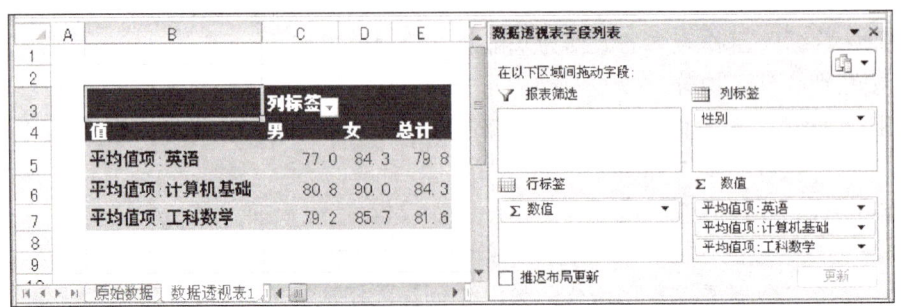

图 3.56 分类字段位于列的显示结果和其字段列表设置图

（2）按性别统计英语分数

按性别分别统计英语的平均分、最高分及最低分，并将分类字段"性别"置于行。

【操作方法】

① 单击"原始数据"工作表中的任一单元格，切换到"插入"选项卡，单击"数据透视表"按钮，选择"数据透视表"命令，弹出"创建数据透视表"对话框。

② 选择存放数据透视表的工作表名和起始位置，如 Sheet3!A3。

③ 在"数据透视表字段列表"对话框中，将"性别"字段拖放到行标签区，将"英语"字段拖放到数值区 3 次。

④ 将默认的求和汇总方式分别更改为求平均值、最大值和最小值。

⑤ 编辑 B3:D3 中的文字，并将工作表名重命名为"数据透视表2"，结果如图 3.57 所示。

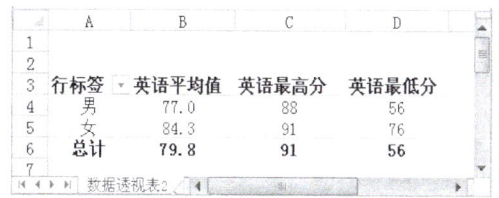

图 3.57 按性别分别统计英语的平均分、最高分及最低分

最后，将工作簿文件"练习 3.xlsx"保存到自备的 U 盘中。

三、练习

1. 以图 3.33 数据为基础，进行排序、筛选操作。

① 按部门和实发工资由高到低排序。操作结果如图 3.58 所示。

图 3.58 按部门和实发工资由高到低排序

② 筛选出工龄不满 10 年，且实发工资在 2500 元以上职工的记录。操作结果如图 3.59 所示。

图 3.59 工龄不满 10 年且实发工资高于 2500 元职工的记录

2. 以图 3.33 数据为基础建立分类汇总表。按部门分别统计基本工资和奖金的平均值。操作结果如图 3.60 所示。

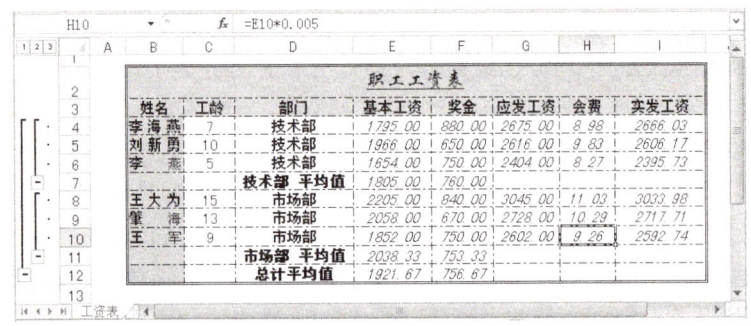

图 3.60　按部门统计基本工资和奖金的平均值

3. 以图 3.33 数据为基础建立数据透视表，按部门分别统计基本工资平均值、奖金最大值和实发工资总和，均保留 2 位小数。为数据透视表设置一种样式，将"列标签"改为"部门"的操作结果如图 3.61 所示。

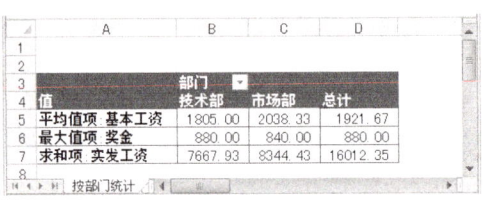

图 3.61　按部门统计结果

实验五　数据复制和统计中的其他操作

一、实验目的

① 学习使用"粘贴链接"复制数据。
② 学习使用数字排位函数。
③ 学习第 n 个最大值和最小值的统计方法。

二、实验内容

1. 设置数据的动态跟踪

将现有工作簿文件"练习 3.xlsx"的"原始数据"表中的数据复制到新建的工作簿中，并保证其根据"原始数据"表中的数据而变化。

【操作方法】

① 打开工作簿文件"练习 3.xlsx"，选择"原始数据"工作表（如图 3.44 所示），选定要复制的数据区域 A3:F11，单击"复制"按钮。

② 新建一个空白工作簿，选择要复制到的目标位置，如 Sheet1 的 A3。

③ 单击"剪贴板"组中的"粘贴"下拉箭头，选择"粘贴链接"命令，则"原始数据"工作表中的数据发生变化时，可引起"粘贴链接"的工作表数据随之变化。

以“练习 4. xlsx”文件名保存该工作簿。

2. 不改变数据表顺序对学生成绩进行排名

【操作方法】

① 打开工作簿文件“练习 4. xlsx”，对复制的工作表添加“名次”字段，重命名该工作表为“成绩排名”。

② 选择 G4 单元格，单击“插入函数”按钮，选择“统计”函数类中的 RANK. EQ 函数。

③ 在 RANK. EQ 函数参数第 1 个文本框中输入需要找到排位的数字 F4 单元格。

④ 在第 2 个文本框中输入一组要排序的数字列表数组 F$4:F$11。

⑤ 在第 3 个文本框中输入 0 或忽略，将按降序顺序排位，否则按升序顺序排位，此处忽略，如图 3. 62 所示。

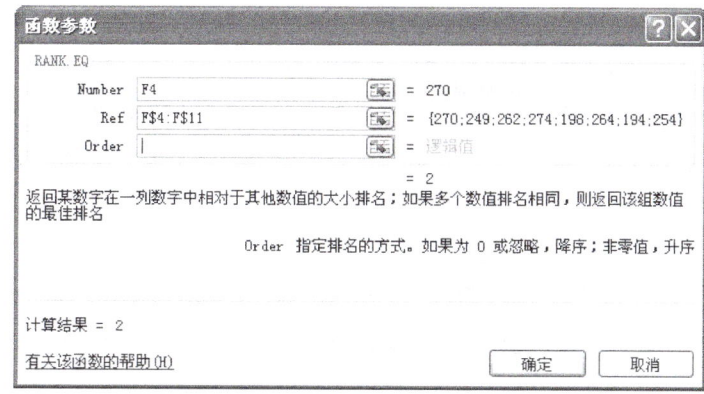

图 3. 62　RANK. EQ“函数参数”对话框

⑥ 将 G4 单元格中的公式拖动复制到 G11 单元格。

学生成绩排名结果如图 3. 63 所示。

	A	B	C	D	E	F	G
2							
3	姓名	性别	英语	计算机基础	工科数学	总分	名次
4	郑晓桐	男	85	88	97	270	2
5	肖海亮	男	78	85	86	249	6
6	李艳艳	女	91	86	85	262	4
7	白　露	男	88	94	92	274	1
8	张建超	男	78	65	55	198	7
9	林莉莉	女	86	90	88	264	3
10	赵　刚	男	56	72	66	194	8
11	马　丽	女	76	94	84	254	5
12							

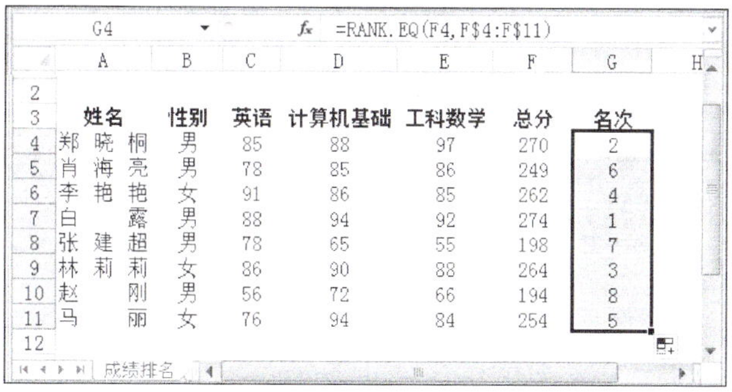

图 3. 63　不改变原列表次序的成绩排名结果

3. 统计第 *n* 个最大值和最小值

如果要统计最大值和最小值，可以用函数 MAX 和 MIN。有时可能需要统计第 2 个或第 3 个最大值或最小值，则要用函数 LARGE 和 SMALL。

下面以“成绩排名”中的数据为基础，统计英语成绩的前两名和最后两名的分数。

【操作方法】

① 选择"成绩排名"工作表，并按图 3.64 中 I4:I7 区域内容输入所示文字。

② 选择 J4 单元格，输入"=MAX(C4:C11)"或"=LARGE(C4:C11,1)"，得到英语最高分。

③ 选择 J5 单元格，单击"插入函数"按钮，选择"统计"函数类中的 LARGE 函数，按图 3.65 样式输入参数（也可直接输入公式），得到英语第 2 高的分数。

④ 选择 J6 单元格，输入"=MIN(C4:C11)"或"=SMALL(C4:C11,1)"，得到英语最低分。

⑤ 选择 J7 单元格，输入"=SMALL(C4:C11,2)"，得到英语第 2 低的分数。

统计结果如图 3.64 所示。最后将工作簿文件"练习 4.xlsx"保存到自备的 U 盘中。

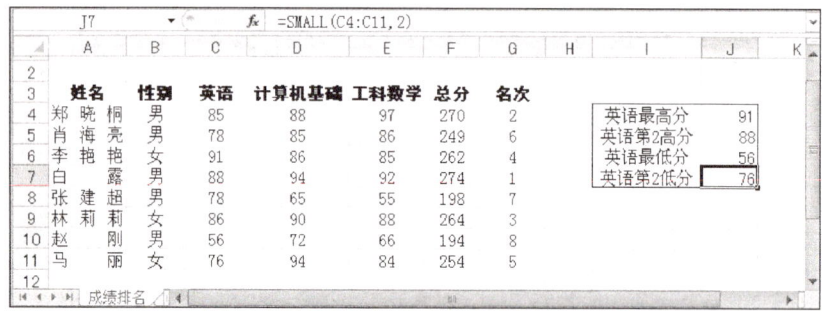

图 3.64　统计英语成绩的前两名和最后两名的分数

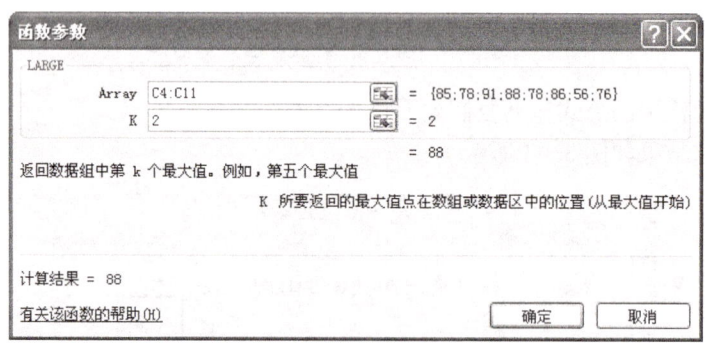

图 3.65　LARGE 函数参数输入对话框

三、练习

1. 以图 3.33"工资表"数据为基础，进行如下计算。

① 用 RANK.EQ 函数统计"奖金"的排名。

② 用函数找出实发工资第 3 名和倒数第 2 名的工资额。

2. 用"套用表格格式"功能重新格式化该工作表。

【操作方法】

① 选定单元格区域 B3:J9，单击"填充颜色"按钮，选择"无填充颜色"命令。

② 单击"套用表格格式"按钮，从表样式"浅色"中选择 16 号。

操作结果如图 3.66 所示。

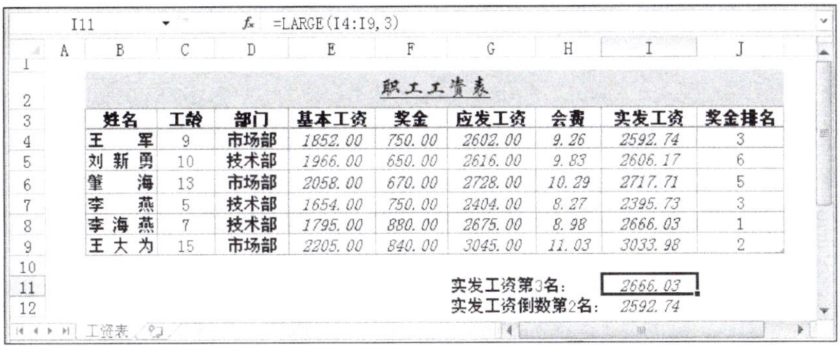

I11　f_x　=LARGE(I4:I9,3)

职工工资表

姓名	工龄	部门	基本工资	奖金	应发工资	会费	实发工资	奖金排名
王　军	9	市场部	1852.00	750.00	2602.00	9.26	2592.74	3
刘新勇	10	技术部	1966.00	650.00	2616.00	9.83	2606.17	6
肇　海	13	市场部	2058.00	670.00	2728.00	10.29	2717.71	5
李　燕	5	技术部	1654.00	750.00	2404.00	8.27	2395.73	3
李海燕	7	技术部	1795.00	880.00	2675.00	8.98	2666.03	1
王大为	15	市场部	2205.00	840.00	3045.00	11.03	3033.98	2

实发工资第3名：2666.03
实发工资倒数第2名：2592.74

工资表

图 3.66 “奖金”排名计算及“套用表格格式”效果

第四单元
演示文稿软件

文稿演示软件可以提供制作各种各样视觉效果极佳的演示文稿，通过在幻灯片中插入声音、图片、影像来展示其演讲内容。目前广泛应用在各种会议、展示产品内容、教师上课等方面的 Microsoft PowerPoint 就是这样一个非常出色的文稿演示制作软件。

第一部分　PowerPoint 演示文稿软件介绍

4.1　幻灯片的制作与格式化

4.1.1　幻灯片的制作

在 Windows 桌面单击任务栏上的"开始"按钮，选择"所有程序"→Microsoft Office→Microsoft PowerPoint 2010 程序项，系统将启动 PowerPoint 应用程序。按照"空白演示文稿"模式创建演示，默认文件名为"演示文稿1"，其扩展名为 .pptx。

一个演示文稿是由多张幻灯片构成的，创建演示文稿就是制作一张张的幻灯片，每张幻灯片都可以有标题、文本、图片和剪贴画等。

当已经打开了一个演示文稿，制作幻灯片的方法是：单击标题区，输入幻灯片的标题；单击"幻灯片"组中的"新建幻灯片"右边的下拉箭头，打开如图4.1所示的"幻灯片版式"下拉列表框。单击某个版式，如"标题和内容"，即可将具有该版式的幻灯片插入到所建演示文稿中。重复上述过程可以制作多张幻灯片，如图4.2所示。

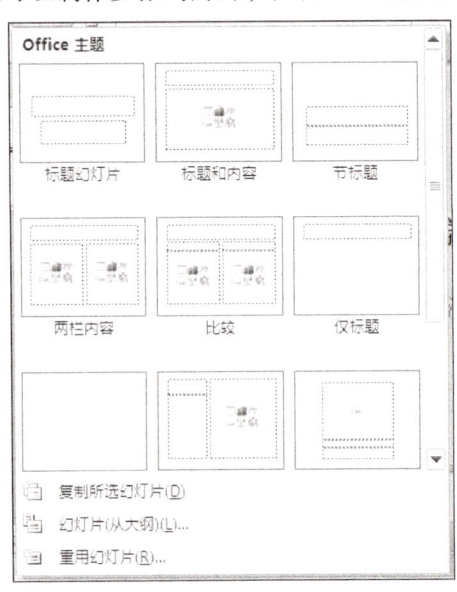

图4.1　"幻灯片版式"列表框

PowerPoint 提供了多种版式供用户选择，每种版式的版面设置各不相同，可以按自己的需要选用。例如，有的版式提供标题和内容的占位符，另一种则提供"图片与标题"的占位符。可以对占位符执行移动、调整大小或删除等操作。

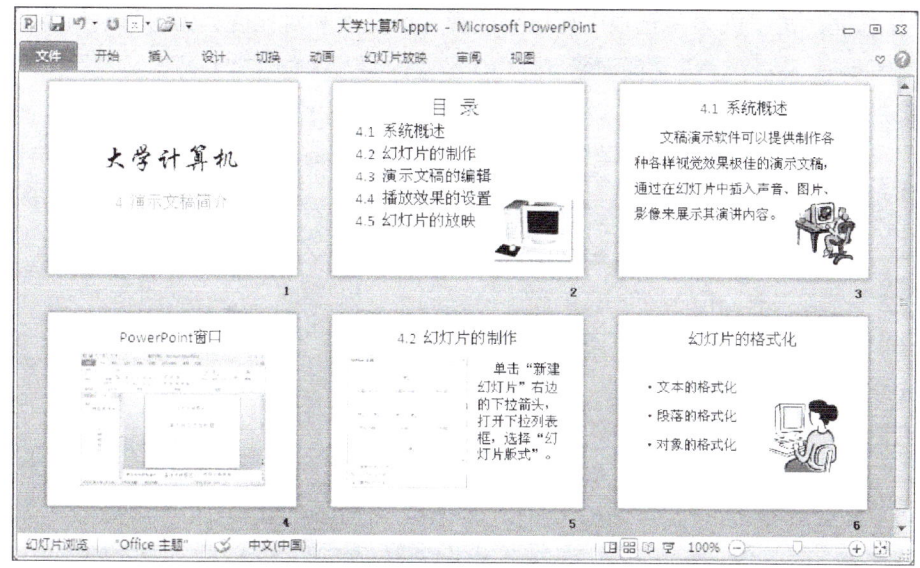

图 4.2　在幻灯片浏览视图中查看制作的幻灯片

4.1.2　向幻灯片中插入音频和视频

借助于多媒体技术，PowerPoint 使用户能够非常轻松地在演示中加入音频和视频素材，以丰富演示的内容，创造听觉和视觉的最佳欣赏效果。

1. 插入和设置音频文件

在幻灯片中可以添加文件中的音频、剪贴画的音频，并可录制自己的音频。下面以插入文件中的音频为例介绍其操作方法。

在幻灯片窗口中显示要添加音频文件的幻灯片，选择"插入"选项卡"媒体"组中的"文件中的音频"命令，弹出"插入音频"对话框。找到并双击要添加的音频文件，则在当前幻灯片中插入一个带有（小喇叭）声音图标的音频文件，同时打开音频工具的"格式"和"播放"两个选项卡，用于对音频文件的设置，如图 4.3 所示。

选择小喇叭声音图标，其下面会显示声音播放器，设有播放/暂停、向前移动/向后移动按键及音量调节拖动条，供用户试听声音。

2. 插入视频

在幻灯片中插入的视频有 3 种，即文件中的视频、来自网站上的视频和剪贴画视频。

插入文件中视频的操作方法是：在幻灯片视图中选择"插入"选项卡"媒体"组中的"视频"→"文件中的视频"命令，在弹出的"插入视频文件"对话框中找到并双击要添加的视频文件。

在幻灯片视图中，影片图标的大小决定了幻灯片放映时影片屏幕的大小。用户可以通过调整影片图标四周的控点来改变影片屏幕的大小。为了达到幻灯片放映时影片播放的最佳效果，单击影片图标后，选择"视频工具|格式"选项卡，单击"大小"组右边的"对话框启动器"按钮，显示"设置视频格式"对话框。选择"大小"选项，在"缩放比例"区选中"幻灯片最

佳比例"复选框；在"视频"选项中可以更改影片的亮度和对比度，为影片重新着色。

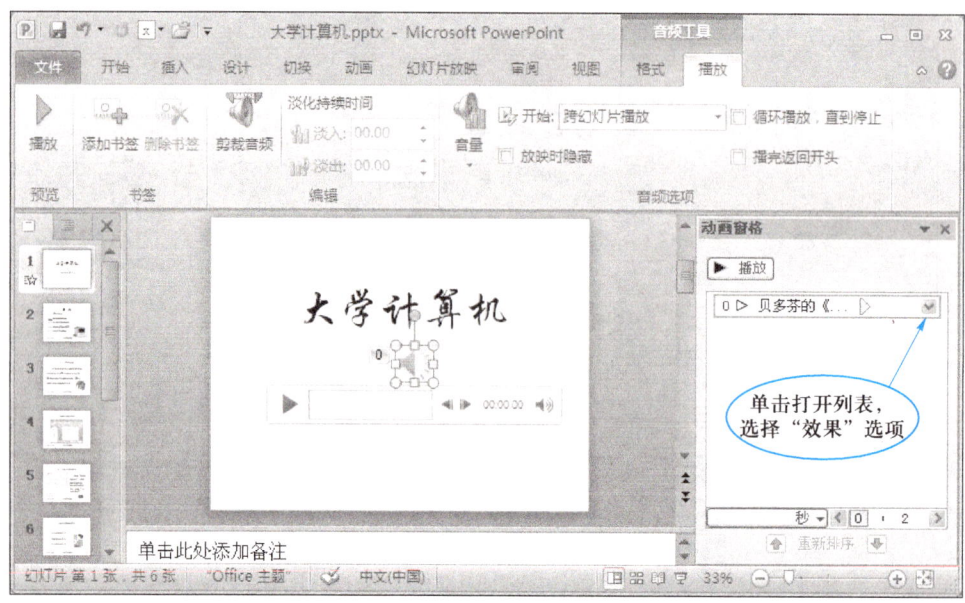

图 4.3　在"播放"选项卡中设置音频选项

4.1.3　将幻灯片文本转换为 SmartArt 图形

演示文稿通常包含带有项目符号列表的幻灯片。应用 PowerPoint 2010 可以将项目符号列表中的文本转换为直观地 SmartArt 图形，给幻灯片增加表现力。

图 4.4 显示了将设置好项目符号的文本转换为 SmartArt 图形的结果。

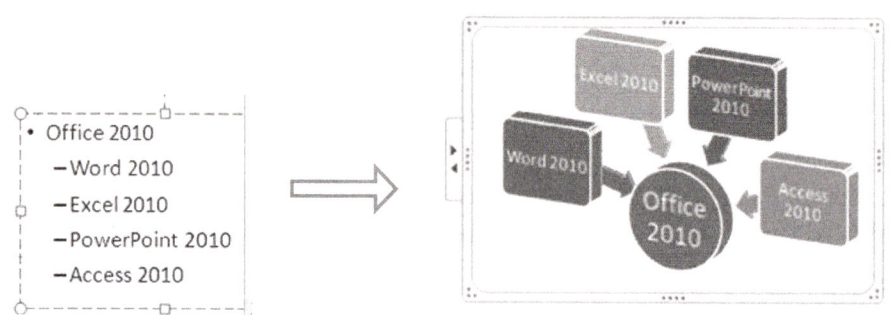

图 4.4　将文本转换为 SmartArt 图形的结果

4.1.4　幻灯片的视图模式

1. 幻灯片编辑区

幻灯片编辑区包括三部分，即幻灯片视图区、大纲视图区和备注页视图区，如图 4.5 所示，它们是对文稿进行创作和编

排的区域。左边的大纲视图区用于大纲视图和幻灯片缩略图模式的显示，视图选项卡可以进行两种模式的转换。如单击"幻灯片"选项卡，将出现幻灯片缩略图，可以预览各张幻灯片

的大致情况，方便用户在各张幻灯片之间进行切换。

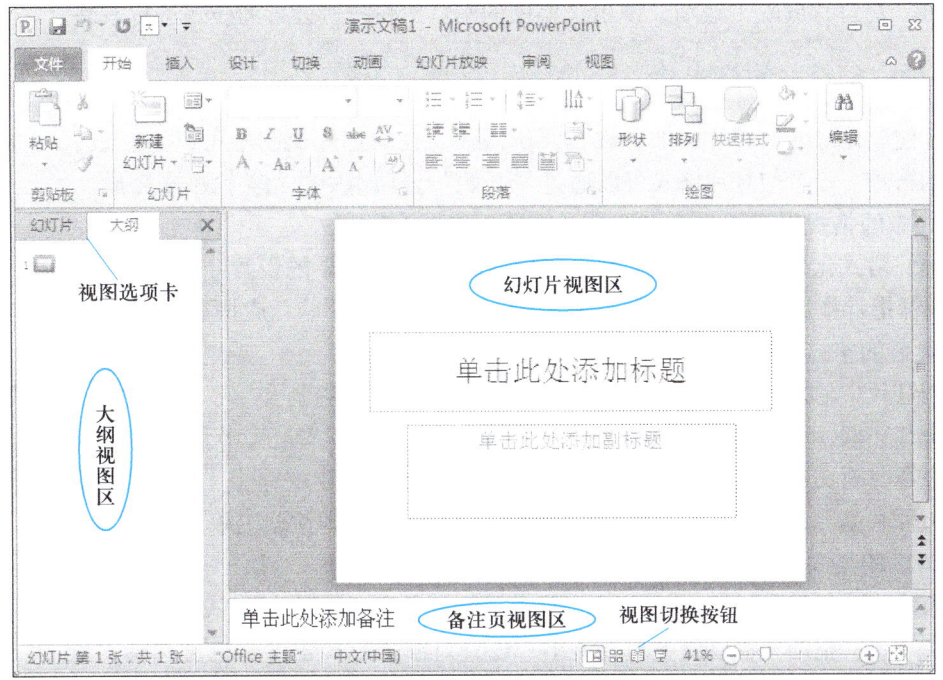

图 4.5　幻灯片编辑区

2. 幻灯片的视图模式

幻灯片具有多种视图模式。图 4.5 下端为状态栏，"显示比例"按钮的左侧是视图切换按钮，从左至右依次为普通视图、幻灯片浏览、阅读视图和幻灯片放映，允许用户在不同视图中使用幻灯片。

（1）普通视图

普通视图是其默认的视图模式。集幻灯片、大纲、备注页 3 种视图模式为一体，使用户既能全面考虑演示文稿的结构，又能方便地编辑幻灯片的细节。

在幻灯片视图中可以对每张幻灯片进行文字内容和图片等对象的输入和编辑。若要切换到另一张幻灯片，可以拖动其右边的垂直滚动条，也可以单击左边大纲视图区中的幻灯片。

单击"大纲"选项卡，在大纲视图区仅显示文稿中所有标题和正文。

备注页视图可以为每张幻灯片提供一个备注页。备注是演讲者在演示时需要预先准备的注释或提示，播放幻灯片时不会播放其中的内容。

（2）幻灯片浏览视图

在幻灯片浏览视图中，演示文稿的所有幻灯片均缩小、按序排列。因此，用户可以方便地对幻灯片进行移动、复制、添加、删除等操作，还可以选择"切换"选项卡中的按钮设置幻灯片的切换方式。

（3）阅读视图

阅读视图提供一种查看幻灯片放映的方式。单击该按钮，演示文稿窗口将调整为适合大小放映幻灯片，放映中按 Esc 键退出该模式。

(4) 幻灯片放映

单击"幻灯片放映"按钮，演示文稿中的幻灯片将按所设置的模式进行放映。

4.1.5 幻灯片的格式化

为了使制作好的幻灯片更加美观、便于阅读，在幻灯片视图中可以重新设置文本、段落和对象的格式。设置幻灯片格式可以通过"开始"选项卡中的相关命令来完成。

1. 文本的格式化

文本的格式化是指对字体、字号、字体颜色及特殊效果的设置。方法为：选中文本，即用I形鼠标指针拖过欲改变格式的文本，单击"字体"组中的相应按钮。

2. 段落的格式化

在幻灯片中输入的文字均位于文本框中，单击文本框内的文字，文本边框为虚线型。如果再单击其边框，则文本边框为细实线，表明该框内的文本均被选中。此时可以选择"字体"组中的命令，对文本框中的字体格式化；选择"段落"组中的命令，可以设置段落对齐、添加项目符号和编号、调整行距等，也可以改变该文本框中文字的方向。

3. 对象的格式化

对象的格式化是指对插入的图片、图表、绘制的形状等进行格式化。其步骤为：单击要格式化的对象，拖动句柄以调整对象大小，设置对象的旋转角度；也可选择"绘图"组中的命令为所绘制形状更改线条和填充颜色，设置形状效果。

4.2 演示文稿的操作

4.2.1 幻灯片的基本操作

幻灯片的基本操作包括新建、删除、移动和复制幻灯片等操作。新建与删除幻灯片可在任意视图中进行；而移动和复制幻灯片则一般在大纲视图和幻灯片浏览视图中进行。

1. 选择幻灯片

在对幻灯片执行命令之前，首先要选择命令作用的范围。在不同的视图中，选择幻灯片的方式也不一样，分述如下。

在幻灯片视图和备注页视图中，当前显示的幻灯片即是被选中的幻灯片。

在大纲视图和幻灯片浏览视图中，要想选择某张幻灯片，只需单击它，被选中的幻灯片周围有一黄色边框环绕；若选择多张连续的幻灯片，单击所选的第一张幻灯片，按住 Shift 键，将鼠标指针移至最后一张幻灯片处单击；若选择多张连续或不连续的幻灯片，单击第一张幻灯片，按住 Ctrl 键，再依次单击其余幻灯片。

要选择全部幻灯片，选择"开始"选项卡"编辑"组中的"选择"→"全选"命令，则该演示文稿中的所有幻灯片全被选中。

取消选定的方法是单击任意一张幻灯片。

2. 新建和删除幻灯片

在"开始"选项卡中，选择一张幻灯片，然后单击"幻灯片"组中的"新建幻灯片"按钮，将在当前幻灯片的后面插入一张默认版式的新幻灯片。如果想插入不同版式的幻灯片，单击"新建幻灯片"右边的下拉箭头，打开"幻灯片版式"下拉列表框（如图 4.1 所示），选择一个需要的幻灯片版式，将插入一张具有指定布局的新幻灯片。如果要更改已有幻灯片的版式，选择该幻灯片后，单击"幻灯片"组中的"版式"下拉箭头，选择一个所需的版式。

如果要删除幻灯片，在大纲视图或幻灯片浏览视图中，选中要删除的一张或多张幻灯片，按 Delete 键。

3. 移动或复制幻灯片

移动或复制幻灯片需切换到幻灯片浏览视图或大纲视图。

用命令按钮操作：选中待移动的幻灯片，单击"剪切"按钮；选择确定目标位置后，单击"粘贴"按钮可将幻灯片移动到新位置。如果将"剪切"换为"复制"，则执行复制操作。

用拖放特性操作：选中待移动的幻灯片，按住鼠标左键拖动幻灯片到移动的目标位置，拖动时有一竖线指示插入点的位置。如果在拖动时按住 Ctrl 键，则执行复制操作。

4.2.2 演示文稿外观的设置

在 PowerPoint 中，可以通过对幻灯片母版、主题和背景的设置来改变演示文稿的外观。

1. 使用母版

母版用于设计演示文稿中每张幻灯片的通用格式。母版中的信息往往是共有的，例如把单位名称、标记等信息制成一个幻灯片母版，就可以把这些信息添加到演示文稿的每个幻灯片中。PowerPoint 母版有三种类型，即幻灯片母版、讲义母版和备注母版。

（1）幻灯片母版

幻灯片母版控制的是在幻灯片上输入的标题和主要文本的格式，包括字体、字号、颜色和阴影等特殊效果。

打开幻灯片母版视图的步骤：选择"视图"选项卡中的"母版视图"→"幻灯片母版"命令，显示幻灯片母版设置窗口，同时打开"幻灯片母版"选项卡，如图 4.6 所示。窗口中根据版式的不同有若干占位符，用来确定幻灯片母版的样式；窗口的左侧是幻灯片母版列表；"幻灯片母版"选项卡用于母版中各种格式的设置。

由于幻灯片母版是按照选用的幻灯片版式设置的，因此演示文稿中的幻灯片如果不是在该版式下制作的，可能不具有该母版中插入的对象或设置的格式。此时需要单击"开始"选项卡"幻灯片"组中的"版式"按钮，从出现的版式列表中选择要设置的版式，可将当前幻灯片转换为已设置了母版的版式。

（2）备注母版和讲义母版

选择"视图"选项卡中的"母版视图"→"备注母版"或"讲义母版"命令，显示备注母版或讲义母版设置窗口。

备注母版主要设置备注幻灯片的格式，而讲义母版控制的是幻灯片以讲义形式打印的格式。在讲义母版设置窗口，切换到"讲义母版"选项卡，可以选择在一页中打印幻灯片的数量、打印方向等。

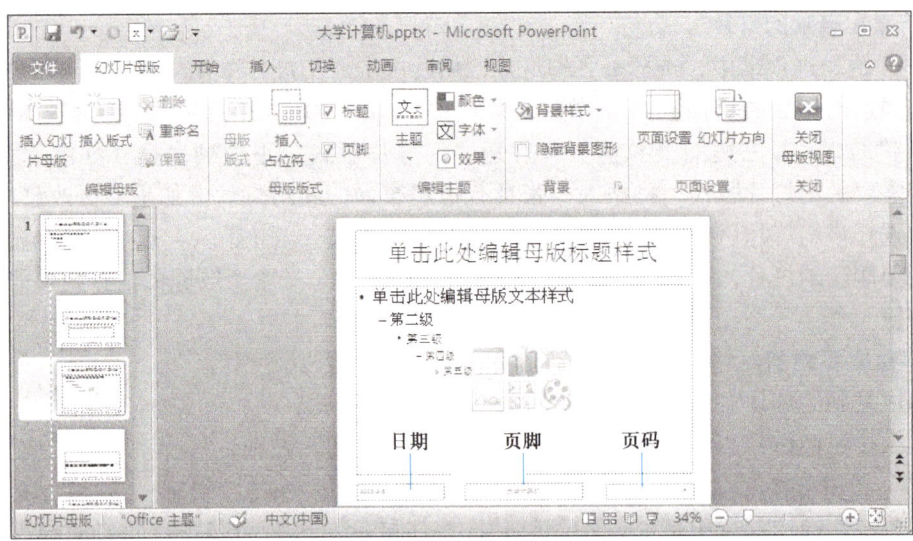

图 4.6 "幻灯片母版"选项卡和幻灯片母版设置窗口

2. 应用幻灯片主题

在 PowerPoint 中,主题是一组可应用于演示文稿中的预设颜色、字体和图形等组件的组合。在建立演示文稿时,可以快速地为所有幻灯片设置满足需要的外观,既可以使用系统中预设的主题,也可以根据现有主题进行更改,然后将其保存为自己的主题,以便今后使用。

应用主题的方法是:打开一个需要使用主题的演示文稿,切换到"设计"选项卡,单击"主题"组中的任一主题,即可快速更改当前演示文稿中所有幻灯片的背景、字体、颜色等组件属性,如图 4.7 所示。如果只想将某个主题应用到所选幻灯片,右击该主题,从快捷菜单中选择"应用于选定幻灯片"命令。

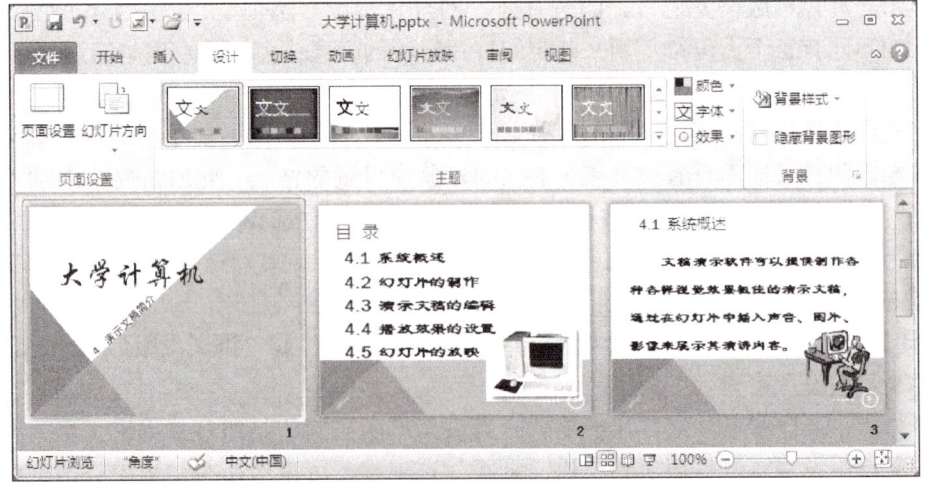

图 4.7 应用"主题"示例图

如果要自定义演示文稿的主题，可以通过更改颜色、字体和填充效果等主题组件来实现。如对所选的主题颜色不满意，单击"主题"组中的"颜色"按钮，选择"新建主题颜色"命令，显示"新建主题颜色"对话框，如图 4.8 所示。在主题颜色区选择要更改的选项，如文字/背景、字体颜色或超链接等进行设置。对主题组件的修改会立刻影响当前演示文稿。

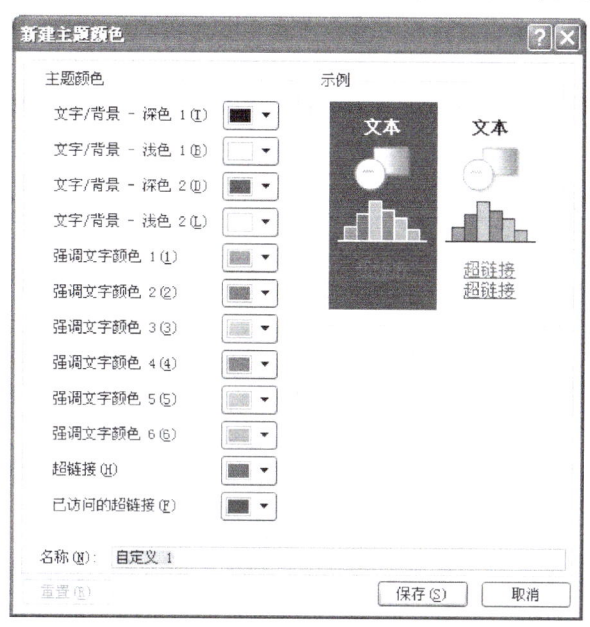

图 4.8 "新建主题颜色"对话框

3. 幻灯片背景的设置

幻灯片背景包括颜色、图案、阴影等，也可以使用图片作为幻灯片的背景。设置方法是：在幻灯片视图中，选择"设计"选项卡，单击"背景"组中的"背景样式"命令，直接选择一种背景样式。

如果单击"设置背景格式"命令，则可以在"设置背景格式"对话框中选择填充样式、图片背景的亮度、对比度，并可以重新着色。

4.3 幻灯片播放效果的设置

演示文稿创建后，用户应为幻灯片设置播放效果，如设置动画和切换效果等，以提高演示的效果，起到烘托气氛的作用。

4.3.1 设置动画效果

对幻灯片上的文本、图片、表格等对象设置动画效果，可以增强演示的表现力，突出重点、控制信息的流程。

可在"动画"选项卡中进行动画效果的设置。在"高级动画"组中有一个"动画刷"，使用方法类似于格式刷,可以复制一个对象的动画并将其应用到另一个对象,方便快捷,适用于将一种动画效果应用到多处的情况;"触发"按钮用于设置动画的特殊开始条件;单击"动画窗格"按钮将在幻灯片的右侧显示动画窗格,可以预览动画顺序等,单击其中的"播放"按钮可预览动画效果,如图4.9所示。

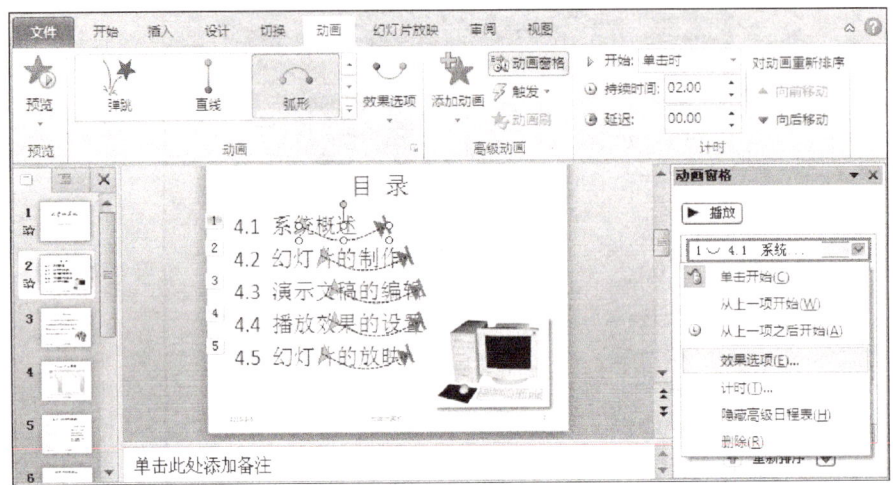

图4.9 "动画窗格"和设置动画应用示例

在"动画"选项卡"计时"组中,可以设置每个动画的持续时间、改变动画出现的顺序等。

如果要删除动画,右击动画窗格中的相应对象,从快捷菜单中选择"删除"命令。

4.3.2 设置幻灯片切换

演示文稿是由多张幻灯片组成的,设置幻灯片切换就是设置每张幻灯片进入演示窗口的方式。当连续播放幻灯片时,在幻灯片之间会起到"承上启下"的作用。

在幻灯片视图中,选择"切换"选项卡,在"切换到此幻灯片"组中设置切换效果。在幻灯片浏览视图中,可以一次选择连续或不连续的多张幻灯片,一次设置相同的切换效果。

4.3.3 设置超链接

为了控制演示的流程,在演示文稿中插入超链接,可以使演示时能够跳转到其他位置,如本演示文稿的指定幻灯片,或其他文档、网址等。

设置超链接的方法有两种,即插入超链接或添加动作按钮。

1. 插入超链接

插入超链接的起点可以是任何文本或对象。设置了超链接起点的文本加下划线显示,颜色由主题确定,一般用鼠标单击的方法激活超链接。

下面以对图4.2所示演示文稿为例介绍插入超链接的方法,操作步骤如下。

① 用I型指针选定超链接起点的文本对象,如第2张幻灯片中的"4.2 幻灯片的制作"。

② 选择"插入"选项卡"链接"组中的"超链接"命令，弹出"插入超链接"对话框。

③ 在"链接到"选择区中单击"本文档中的位置"按钮，然后选择第 5 张幻灯片，如图 4.10 所示；单击"确定"按钮即可插入超链接。

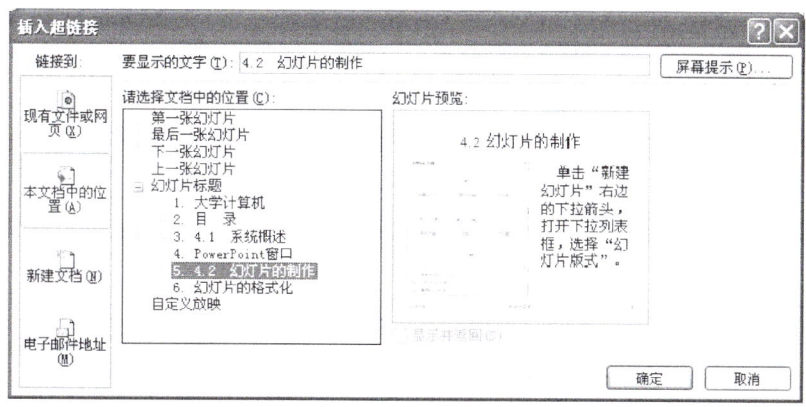

图 4.10 "插入超链接"对话框

2. 设置动作按钮

添加动作按钮也可以在演示文稿中建立超链接关系。如将上述超链接链接到第 5 张幻灯片设置为返回到超链接起点的幻灯片，操作步骤如下。

① 在幻灯片视图中选择要设置动作按钮的幻灯片，如上例的第 5 张幻灯片。

② 单击"插入"选项卡"插图"组中的"形状"下拉按钮，在"动作按钮"区中选择一个动作按钮图标，用鼠标"+"字形指针在幻灯片中拖动形成按钮，同时弹出"动作设置"对话框。

③ 选择"单击鼠标"选项卡，选中"超链接到"单选按钮，从其下拉列表框中选择要链接到的位置，如"幻灯片…"，如图 4.11 所示。

④ 在弹出的"超链接到幻灯片"对话框中选择第 2 张幻灯片，如图 4.12 所示。单击"确定"按钮后即可设置一个返回超链接起点的动作按钮。

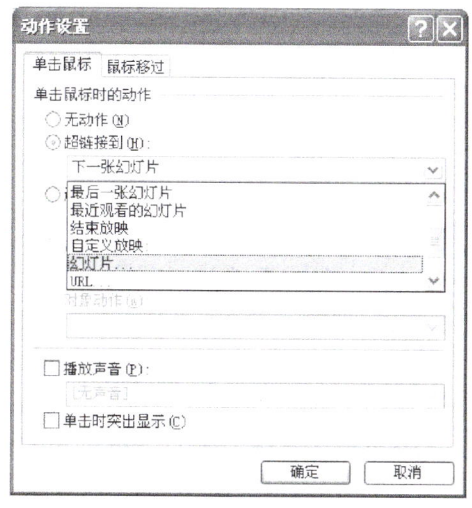

图 4.11 "动作设置"对话框

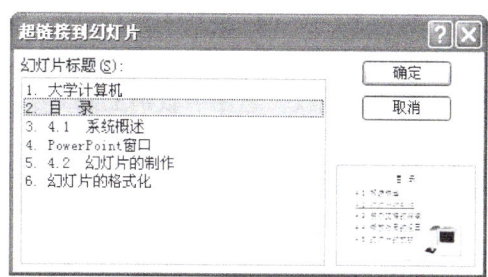

图 4.12 "超链接到幻灯片"对话框

3. 编辑超链接

要想编辑超链接,右击欲编辑超链接的对象,在快捷菜单中选择"编辑超链接"命令,根据设置的方式,会出现"编辑超链接"或"动作设置"对话框,而后便可编辑超链接。

如果要删除超链接,右击超链接对象,在快捷菜单中选择"取消超链接"命令。

4.4 幻灯片的放映

4.4.1 设置幻灯片放映

对于制作的演示文稿,一般情况下不用进行任何放映参数的设置即可直接放映幻灯片。但是有时在幻灯片放映前可根据使用目的的不同,设置不同的放映方式以满足各种需要。

1. 设置放映方式

切换到"幻灯片放映"选项卡,单击"设置"组中的"设置幻灯片放映"按钮,显示"设置放映方式"对话框,如图 4.13 所示。

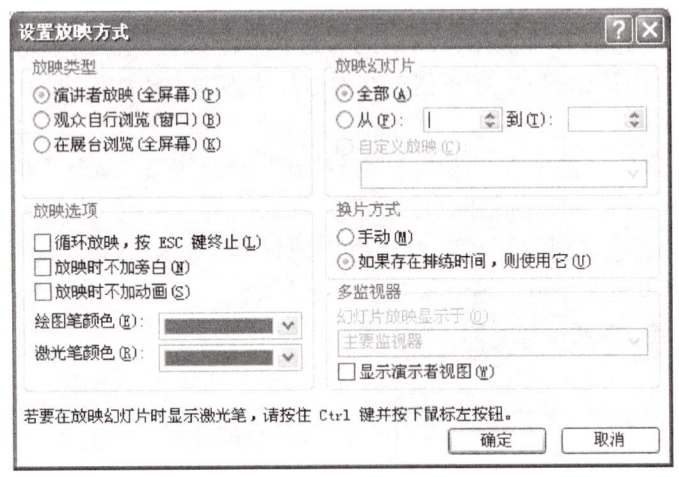

图 4.13 "设置放映方式"对话框

在放映类型区,可以设置 3 种不同类型的幻灯片放映方式。

① 演讲者放映(全屏幕):以全屏幕形式显示演示文稿,这是最常用的放映方式。演讲者具有完全的控制权,适用于教师上课、学生答辩、会议演讲等。

② 观众自行浏览(窗口):以窗口形式运行小规模的演示。可以利用滚动条或"浏览"菜单显示所需的幻灯片,也可以利用菜单命令编辑、打印幻灯片。

③ 在展台浏览(全屏幕):以全屏幕形式演示。此时的大多数命令都不可用。需在放映前预设演示的顺序和时间,或通过"幻灯片放映"选项卡中的"排练计时"命令设置放映时间,按 Esc 键结束放映。适用于展览会场,如摊位、展台等无人管理的场合。

2. 使用排练计时

对演示文稿中的幻灯片设置排练计时，可以精准地分配每张幻灯片在放映时播放的时间。如果保存所设置的排练计时，可应用于自动放映幻灯片。设置排练计时的方法如下。

打开要设置排练计时的演示文稿，单击"幻灯片放映"选项卡"设置"组中的"排练计时"按钮，进入放映排练状态，左上角会出现一个"录制"工具栏，含有下一项、暂停、重复功能键及播放时间的记录等。录制完毕系统会提示是否保存该排练计时。

4.4.2 启动幻灯片放映

在 PowerPoint 中，可以在幻灯片、大纲或幻灯片浏览的任何一种视图下启动幻灯片放映。方法是：选定要开始演示的第一张幻灯片，单击演示文稿状态栏上的"幻灯片放映"按钮，或选择"幻灯片放映"选项卡中"开始放映幻灯片"组中的相关命令按钮。

如果换片方式设置的是手动，则按 Page Down 键或单击鼠标演示下一页，按 Page Up 键显示前一页。也可利用箭头键实现翻页或回到前一页。幻灯片放映完毕或按 Esc 键回到原来状态。

放映过程中右击演示屏上任何地方会出现快捷菜单，可选择菜单中的命令进行幻灯片定位、翻页，并且可以随时执行"结束放映"命令退出放映状态。

第二部分 实 验 项 目

实验一 演示文稿的建立与编辑

一、实验目的
① 掌握建立演示文稿的方法。
② 掌握幻灯片的制作方法。
③ 掌握幻灯片的格式化方法。

二、实验内容

1. 以"世界地球日"为主题建立演示文稿

（1）利用"空白演示文稿"建立演示

【操作方法】

① 启动 PowerPoint 2010，系统自动建立空白演示文稿，默认文件名为"演示文稿1.pptx"。
② 在标题幻灯片的标题区中输入"世界地球日"，在副标题区输入"World Earth Day"。
③ 选择"开始"选项卡"幻灯片"组中的"新建幻灯片"命令，选择一种幻灯片版式，如"标题与内容"版式。
④ 按如下参考文字输入幻灯片的内容，制作 5 张幻灯片，并为其中至少 3 张幻灯片添加标题。

"最初的地球日选择在春分节气。在这一天,全世界的任何一个角落昼夜时长均相等,阳光可以同时照耀在南极和北极,代表了世界各地的平等。

1970 年 4 月 22 日在美国的"地球日"活动,是人类第一次规模宏大的群众性环境保护运动。地球日随之从春分日移到了 4 月 22 日,活动的主题也转而趋向于环境保护。

2009 年第 63 届联合国大会决议将每年的 4 月 22 日定为"世界地球日"。

世界地球日是一项世界性的环境保护活动。

世界地球日的标志是白色背景上绿色的希腊字母 Θ。"

⑤ 在幻灯片中插入相应的图片。
⑥ 设置幻灯片文本的字体、字号,调整图片大小和位置。
⑦ 设置标题幻灯片中的"世界地球日"为艺术字体。
⑧ 以"世界地球日.pptx"为文件名保存到自备的 U 盘上。

(2) 利用幻灯片母版设置幻灯片的通用格式

利用幻灯片母版对"世界地球日.pptx"进行通用格式的设置。具体要求如下。
① 显示幻灯片编号,设置字号为 24。
② 使演示文稿中所显示的日期随着当前日期变化,字号为 20。
③ 在"页脚区"输入作者单位或姓名,选择 24 号字。
④ 在幻灯片母版插入"世界地球日标志",并将它适当缩小后放置在左上角。

上述设置要求在标题幻灯片中均不显示。所建立的幻灯片如图 4.14 所示。

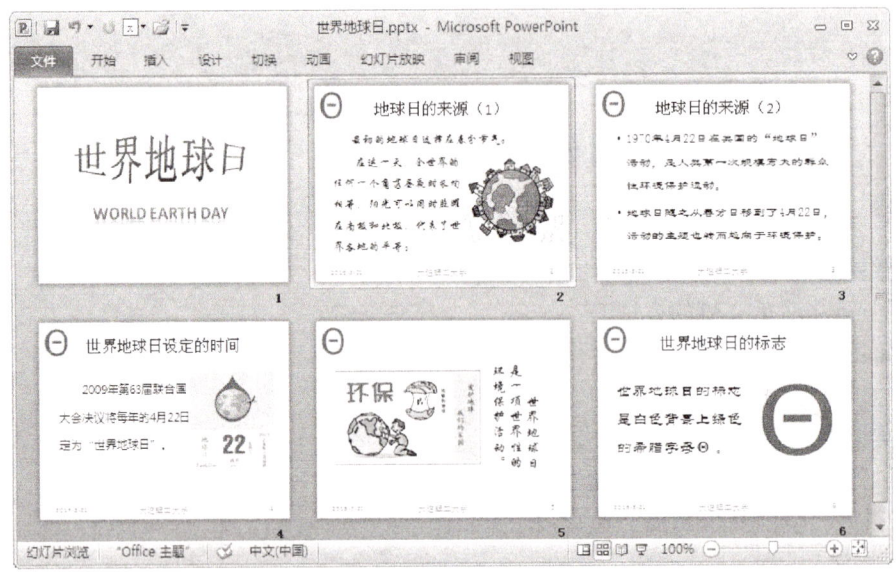

图 4.14 建立的幻灯片示例图

(3) 在幻灯片中应用 SmartArt 图形

对第 3 张幻灯片的第 2 段文字应用 SmartArt 图形表示。

【操作方法】

① 按图 4.15 所示重新编辑文字,单击"开始"选项卡"段落"组中的"转换为 SmartArt 图形"按钮。

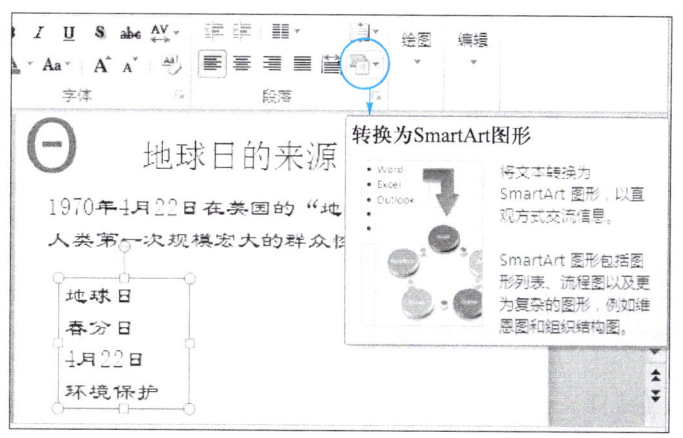

图 4.15　编辑文字并单击"转换为 SmartArt 图形"按钮

② 选择"其他 SmartArt 图形",在"选择 SmartArt 图形"对话框中选择"流程"→"重复蛇形流程"选项。

③ 在"SmartArt 工具 | 设计"选项卡中更改颜色,设置三维嵌入样式,效果如图 4.16 所示。

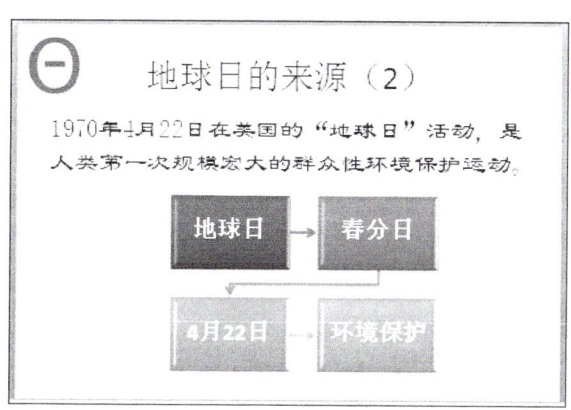

图 4.16　应用 SmartArt 图形的效果

（4）幻灯片背景格式的设置

对演示文稿"世界地球日.pptx"设置"水滴"纹理背景。

【操作方法】

① 单击"设计"选项卡"背景"组中的"背景样式"下拉箭头,选择"设置背景格式"命令。

② 在"设置背景格式"对话框中选择"填充",选中"图片或纹理填充"单选按钮。

③ 打开"纹理"下拉列表,选择"水滴"。

④ 单击"全部应用"按钮。

（5）在幻灯片中插入音频文件

为演示文稿"世界地球日.pptx"加入一段背景音乐,要求幻灯片换页时连续播放。

【操作方法】

① 在第 1 张幻灯片中，选择"插入"选项卡"媒体"组中的"文件中的音频"命令，弹出"插入音频"对话框。

② 选择所需的声音文件，在当前幻灯片中插入一个小喇叭声音图标。

③ 在"音频工具|播放"选项卡"音频选项"组中选择"跨幻灯片播放"选项。

保存演示文稿"世界地球日.pptx"到自备的 U 盘中。

（6）对所建的演示文稿应用"主题"

对演示文稿"世界地球日.pptx"应用"主题"重新配色。

【操作方法】

① 打开"世界地球日.pptx"，切换到"设计"选项卡。

② 单击"主题"组中的"其他"下拉箭头，选择"市镇"主题设计。

③ 单击"颜色"下拉箭头，在内置主题颜色中选择"穿越"。

④ 如果对幻灯片的某些部分不满意可以进行调整，如进入到幻灯片母版中修改每张幻灯片标题字号大小和字体颜色等。

应用主题后的演示文稿如图 4.17 所示。将演示文稿以"地球日.pptx"为文件名保存到自备的 U 盘中。

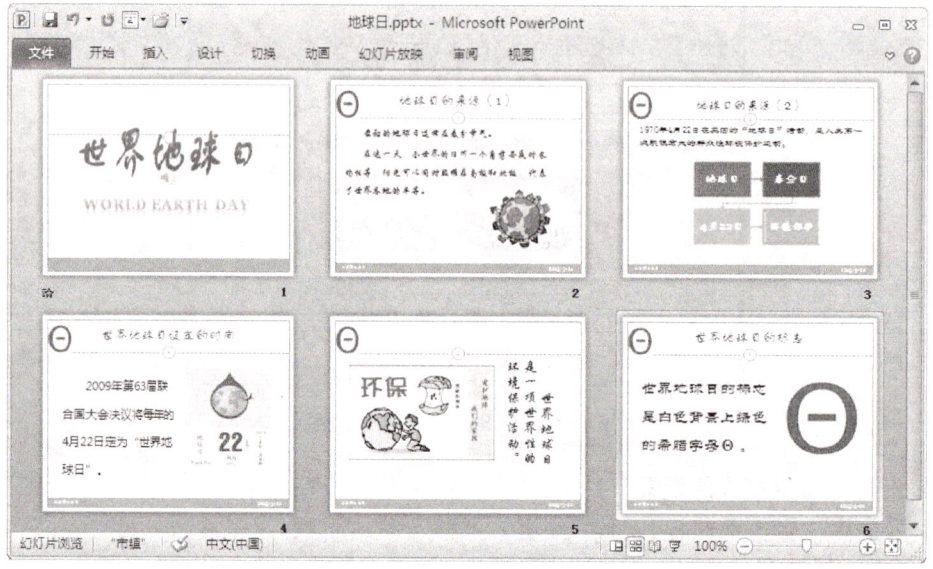

图 4.17　应用"主题"后的演示文稿

2. 利用"模板"建立演示文稿

【操作方法】

① 启动 PowerPoint 2010，选择"文件"→"新建"命令。

② 如果选择"样本模板"，则在样本模板中选择一个，如"项目状态报告"模板。

③ 制作一份组织或参加一项有意义活动的情况汇报演示文稿，题目自行拟定。

④ 尽可能应用多种手段展示活动的目的、意义、进程等。

将所建演示文稿以"活动汇报.pptx"为文件名保存到自备的 U 盘中。

三、练习

1. 以"我的家乡"为题目建立一个演示文稿，以多种方式介绍自己家乡的自然情况、风土人情等，并以"练习1.pptx"为文件名保存演示文稿。

2. 建立一个演示文稿，介绍自己走入大学校园后的情况，如军训、诗歌比赛、球类比赛等，除了图片，还可以插入声音或视频文件，保存演示文稿为"练习2.pptx"。

实验二　设置幻灯片播放效果和放映方式

一、实验目的

① 掌握设置幻灯片动画的方法。
② 掌握设置幻灯片切换的方法。
③ 学习使用超链接。
④ 掌握幻灯片放映方式的设置方法。

二、实验内容

1. 按手动播放方式设置幻灯片动画和切换方式

【操作方法】

① 打开所建立的演示文稿"地球日.pptx"。
② 选择第 2 张幻灯片，切换到"动画"选项卡。
③ 单击文本区边框线，选择"高级动画"→"添加动画"中的"缩放"选项。
④ 单击图片，选择"动画"组中的"动作路径"→"弧形"选项，并调整移动方向使之指向左侧，如图 4.18 所示。

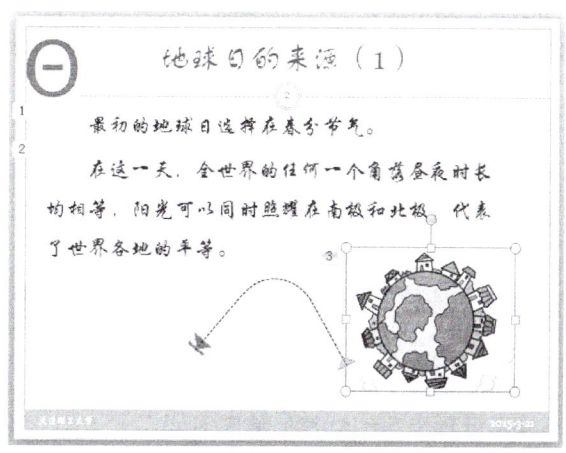

图 4.18　设置动画效果

⑤ 对其他幻灯片中的文本、图片分别设置动画效果。动画形式自行选定，单击鼠标启动动画。

⑥ 切换到幻灯片浏览视图，选定全部幻灯片。选择"切换"选项卡，选择"切换到此幻灯片"组中的"推进"切换方式，则所有幻灯片都按此方式进行切换。

⑦ 如果要更改演示文稿中的某些幻灯片切换方式，则选定这些幻灯片，再选择其他切换效果，单击鼠标换片。

2. 设置超链接

对所建立的演示文稿"地球日.pptx"设置超链接，要求从第4张幻灯片链接到第6张幻灯片，然后再转到第5张幻灯片。

【操作方法】

① 单击第4张幻灯片中的图片作为超链接的起点，选择"插入"选项卡"链接"组中的"超链接"命令，显示"插入超链接"对话框。

② 在"链接到"选择区中单击"本文档中的位置"按钮，然后选择第6张幻灯片，单击"确定"按钮后即可插入超链接。

③ 选择第6张幻灯片，单击"插入"选项卡中的"形状"，在"动作按钮"区中选择"后退"动作按钮图标，如图4.19所示，用鼠标"+"字形指针在幻灯片中拖动形成按钮，同时弹出"动作设置"对话框。在"单击鼠标"选项卡中，选择"超链接到"→"上一张幻灯片"选项。

④ 选择第5张幻灯片，单击"插入"选项卡中的"形状"，在"动作按钮"区中选择"结束"动作按钮图标，用鼠标"+"字形指针在幻灯片中拖动形成按钮，在弹出的"动作设置"对话框中选择"单击鼠标"选项卡，选择"超链接到"→"结束放映"选项。

图4.19 动作按钮图示

保存演示文稿"地球日.pptx"到自备的U盘中。

3. 按自动播放方式设置幻灯片

要想自动播放幻灯片，需要对幻灯片中的每个对象的动画效果和幻灯片切换效果单独设置，包括动画出现的间隔时间。如果幻灯片已经设置了动画效果和切换效果，采用排练计时的方法设置自动播放将会更加方便、快捷。下面就用排练计时的方法对"地球日.pptx"设置幻灯片的自动播放。

【操作方法】

① 打开已经设置了幻灯片动画效果和切换效果的演示文稿"地球日.pptx"。

② 切换到"幻灯片放映"选项卡，单击"设置"组中的"排练计时"按钮，进入放映排练状态，屏幕左上角显示"录制"工具栏，如图4.20所示。

③ 如果当前幻灯片在屏幕上停留的时间能够满足放映要求，单击鼠标左键或工具栏上的"下一项"按钮。

④ 如果对当前幻灯片录制的放映时间不满意，可以单击工具栏上的"重复"按钮，将当前幻灯片的计时器清零，重新设置当前幻灯片的放映时间。

⑤ 当放映完最后一张幻灯片后，屏幕显示系统询问"是否保留新的幻灯片排练时间"对话框。

⑥ 单击"是"按钮，接受录制的排练时间，系统切换到幻灯片浏览视图显示每张幻灯片所录制的排练时间。

将该演示文稿以"地球日-自动播放.pptx"为文件名保存到自备的U盘中。

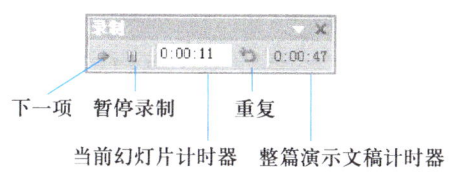

图4.20 排练计时"录制"工具栏

4. 设置幻灯片放映

（1）对所建立的演示文稿"地球日.pptx"设置为观众自行浏览方式

【操作方法】

① 打开所建立的演示文稿"地球日.pptx"。

② 选择"幻灯片放映"选项卡中的"设置幻灯片放映"命令，弹出"设置放映方式"对话框，如图4.13所示。

③ 放映类型选择"观众自行浏览（窗口）"，换片方式选择"手动"。

④ 单击"幻灯片放映"按钮或选择"幻灯片放映"选项卡中的"开始放映幻灯片"→"从头开始"命令进行幻灯片放映。

⑤ 可以按PgUp、PgDp键查看幻灯片放映。

（2）对所建立的演示文稿"地球日-自动播放.pptx"设置为在展台浏览（全屏幕）的放映方式

【操作方法】

① 打开所建立的演示文稿"地球日-自动播放.pptx"。

② 选择"幻灯片放映"选项卡中的"设置放映方式"命令，在图4.13所示的"设置放映方式"对话框中选中"在展台浏览（全屏幕）"单选按钮。

③ 在换片方式区中选中"如果存在排练时间，则使用它"单选按钮，则会自动放映。

④ 单击"幻灯片放映"按钮，或选择"幻灯片放映"选项卡中的"开始放映幻灯片"→"从头开始"命令进行幻灯片放映。

按Esc键结束放映。

（3）对所建立的演示文稿"活动汇报.pptx"设置为演讲者放映

【操作方法】

① 打开所建立的演示文稿"活动汇报.pptx"。

② 选择"幻灯片放映"选项卡中的"设置放映方式"命令，在图4.13所示的"设置放映方式"对话框中选中"演讲者放映（全屏幕）"单选按钮。

③ 单击"幻灯片放映"按钮或选择"幻灯片放映"选项卡中的"开始放映幻灯片"→"从头开始"命令进行幻灯片放映。

④ 幻灯片放映过程中，右击幻灯片，在出现的快捷菜单中可以选择"定位至幻灯片"命令以随意调整幻灯片的播放顺序。

三、练习

1. 为所制作的"练习1.pptx"设置动画效果，单击鼠标播放动画；设置幻灯片切换，单击鼠标换页。为幻灯片设置超链接，以改变演示的顺序；对"练习1.pptx"应用手动放映方式设置演示文稿放映。

2. 为所制作的"练习2.pptx"设置动画效果和幻灯片切换；对演示文稿"练习2.pptx"应用排练计时设置放映时间，然后自动循环播放。

第五单元
计算机网络与应用

实验一　查看 TCP/IP 配置、检测网络连接

一、实验目的
① 理解各项网络配置信息的含义。
② 学会设置和修改 TCP/IP 参数。
③ 掌握测试网络连接的方法。

二、实验内容

1. 查看并设置计算机的 TCP/IP 参数

【操作方法】

① 单击"开始"→"控制面板"，选择"网络和 Internet"下的"查看网络状态和任务"，在图 5.1 所示的窗口中，选择"本地连接"。

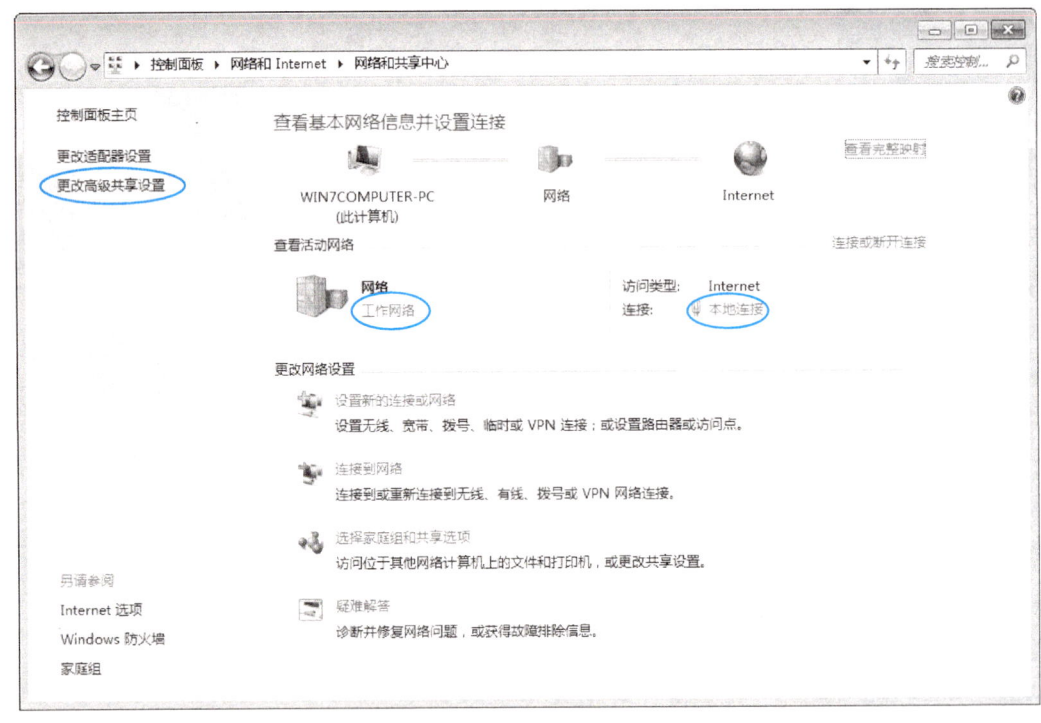

图 5.1　"网络和共享中心"窗口

② 在"本地连接状态"对话框中单击"属性"按钮，打开"本地连接属性"对话框，如图 5.2 所示。

③ 在"本地连接属性"对话框中，双击"Internet 协议版本 4（TCP/IPv4）"，打开"Internet 协议版本 4（TCP/IPv4）属性"对话框，如图 5.3 所示，分别记录本计算机的 IP 地址、子网掩码、默认网关和 DNS 服务器地址（在此处可根据实际情况修改各项参数设置）。

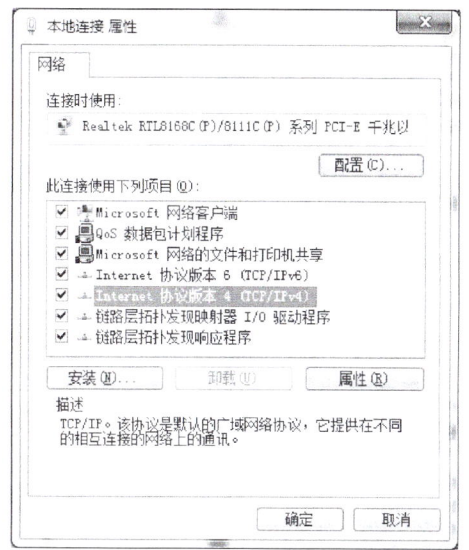

图 5.2 "本地连接属性"对话框

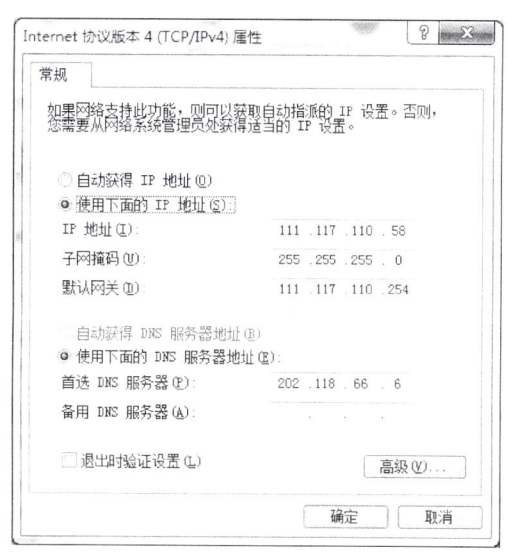

图 5.3 "Internet 协议版本 4
（TCP/IPv4）属性"对话框

也可选择桌面上的"网络"图标，右击，在弹出的快捷菜单中选择"属性"命令，打开如图 5.1 所示的窗口，选择"更改适配器设置"，选择需要的连接设置 TCP/IP 参数即可，详见数字资源视频操作案例。

2. 测试所使用的计算机是否与网络连通

Windows 7 提供了一个 ping 命令，用来测试一台计算机是否已连接到网络上。其工作原理是：向网络中的某一远程主机发送一系列信息包，该主机再将信息包返回。如果本机或远程主机未与网络连通，ping 命令发出的信息包就会丢失而无法返回，系统将给出提示信息"Request timed out"。

ping 命令的格式为：

ping IP 地址或域名

通常使用 ping 命令向网关发信息包，以此来判断所使用的计算机是否与网络连通。但是如果被测试的计算机安装了防火墙，ping 命令的执行结果则可能是"Request timed out"。

【操作方法】

① 按 Windows+R 键打开"运行"对话框，输入"cmd"并单击"确定"按钮，进入"命令提示符"窗口。

② 用 ping 命令向"实验内容 1"所记录的网关发信息包（假设网关是：111.117.110.254），如图 5.4 所示。

3. 查看网卡的 MAC 地址

【操作方法】 在命令提示符窗口中输入 ipconfig/all 命令查看使用的计算机网卡的 MAC 地址，如图 5.5 所示。

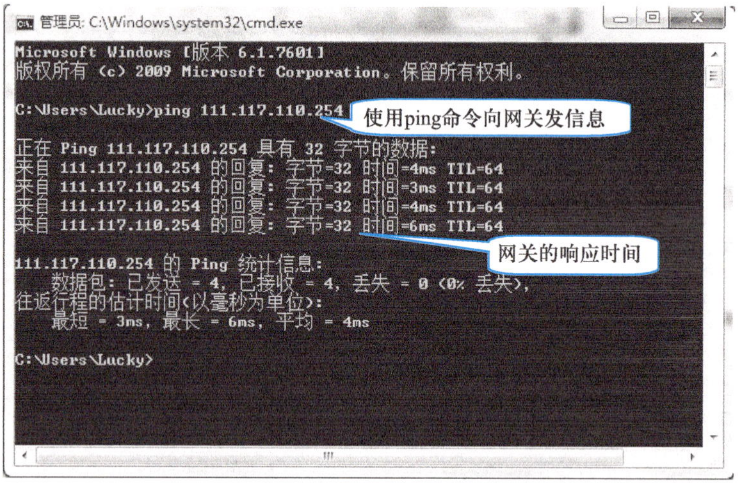

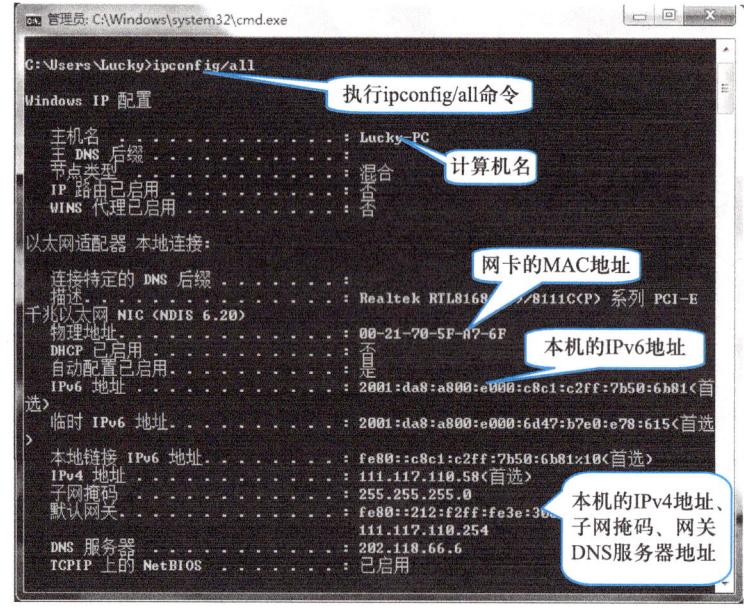

图 5.4 在"命令提示符"窗口中执行 ping 命令

图 5.5 在命令提示符窗口中执行 ipconfig/all 命令

实验二 Internet Explorer 的使用

一、实验目的
① 掌握 Internet Explorer 的基本操作方法。
② 掌握网页浏览的基本操作及网页信息的保存方法。
③ 学会 Internet 上的信息检索方法,例如文献检索。

二、实验内容
1. Internet Explorer 的基本操作方法

Internet Explorer 简称 IE 浏览器，能够完成网站信息的浏览、搜索等功能，具有使用方便、操作友好的用户界面。当前最适合 Windows 7 的浏览器版本是 IE11，其主界面如图 5.6 所示。

图 5.6　IE11 浏览器主界面

用户在浏览器的地址栏中输入网站的 URL 并按 Enter 键，就会在当前选项卡中打开这个网站的主页。而网上的漫游则是通过超链接来实现的，所要做的是移动鼠标并单击相应超链接。超链接的特征是当鼠标指针移动到某些文字或图像处时，鼠标指针变成手形，同时链接的网址显示在浏览器窗口下方的状态栏中。

如果喜欢旧版 IE 浏览器的工具栏设置方式，可以按 Alt 键，IE11 浏览器就拥有了旧版 IE 的工具栏，如图 5.7 所示。

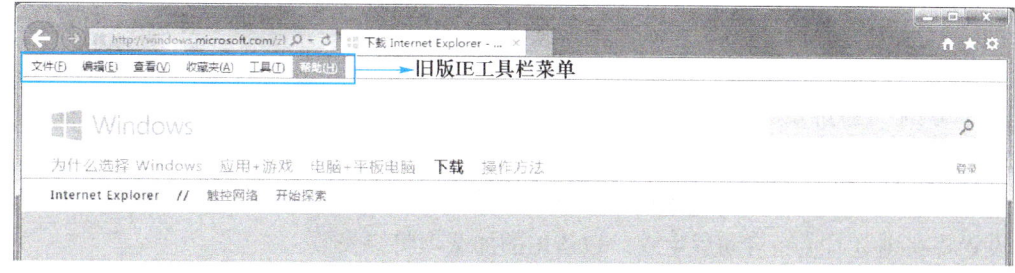

图 5.7　显示旧版 IE 浏览器工具栏

对浏览器进行适当的设置，可以取得令使用者满意的浏览方式和效果。用户可以单击浏览器右上角的齿轮按钮，通过下拉菜单中的命令对浏览器进行细化的设置，如图 5.8 所示。

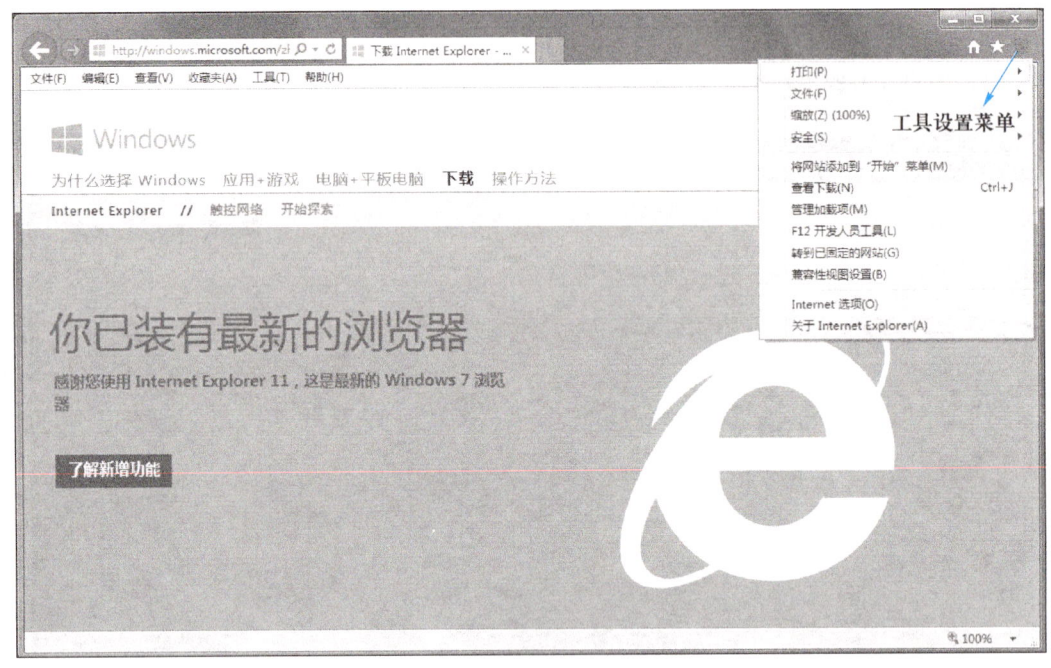

图 5.8　浏览器设置菜单

（1）管理 IE 加载项

加载项是指为浏览器添加扩展功能的特殊软件，一般涉及插件、扩展组件、工具栏等，通常是由非微软的第三方厂商编写。有些加载项可以在浏览器中直观地看见、有些则以静默的方式运行于后台。

IE 浏览器加入加载项管理功能，用户可以根据自己需要，通过增减 IE 加载项来达到优化 IE 浏览器的目的。

【操作方法】打开"加载项的管理"的方法是：单击齿轮按钮，如图 5.8 所示，在下拉菜单中选择"管理加载项"选项，弹出"管理加载项"对话框，如图 5.9 所示。

在"管理加载项"对话框中，列出了不同的加载项类别，在每个类别中，可以直观地看到已经启用的加载项以及它会令浏览器的启动时间增加多少秒。不过，面对着密密麻麻的加载项，很难判断这些加载项的用途，这时可以选择某个用途未明的加载项，然后单击下方的"通过默认的搜索提供程序搜索此加载项"，即通过搜索引擎查找这个加载项的用途。

如果要禁用某个加载项，先选择该加载项，然后单击对话框右下方的"禁用"按钮。修改的设置将在浏览器重新启动后生效，被禁用的加载项将会失效。

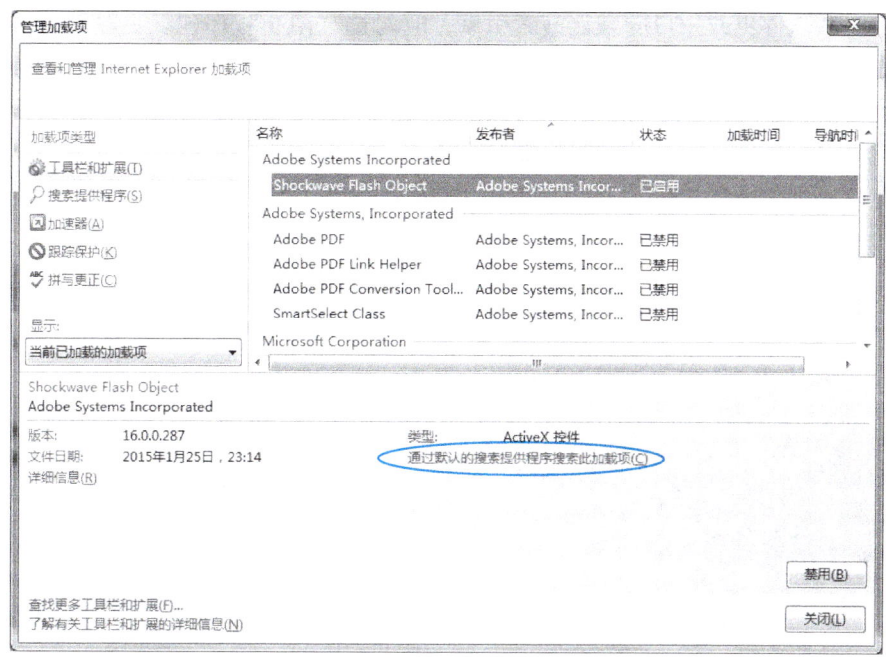

图 5.9　"管理加载项"对话框

（2）搜索提供程序

【操作方法】所谓搜索提供程序就是搜索引擎，也是 IE11 的一类加载项，如图 5.10 所示。若要更改默认的搜索引擎，先选择要设定的搜索引擎，然后单击"设为默认"按钮。

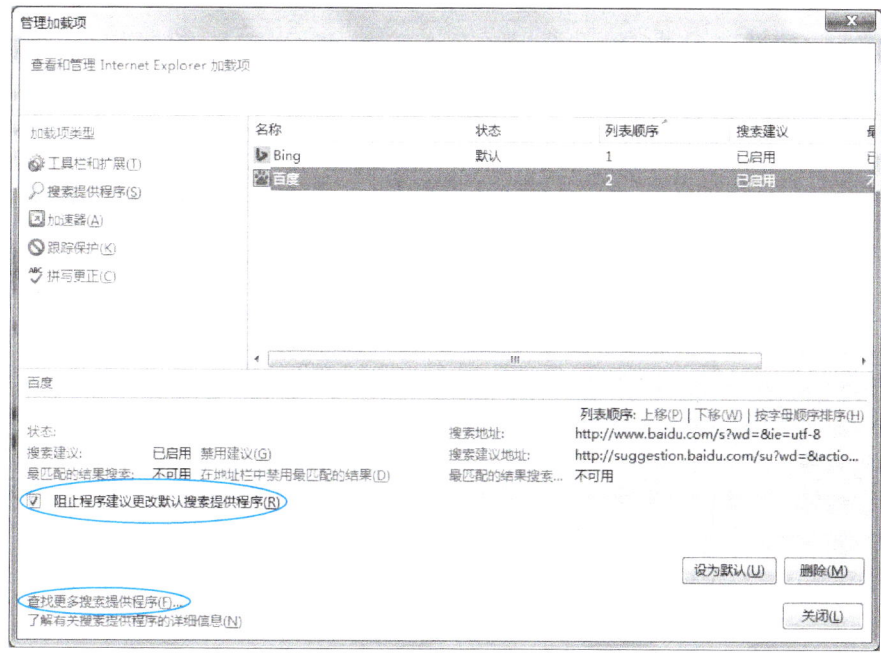

图 5.10　IE 加载项——搜索提供程序

为避免一些软件更改用户的默认搜索引擎，应勾选"阻止程序建议更改默认搜索提供程序"复选框。

可以通过单击对话框下方的"查找更多搜索提供程序"链接，为 IE11 浏览器添加其他搜索引擎，比如百度搜索或者其他专业的搜索引擎，如天气搜索、网购搜索、音乐搜索等。

另外一种添加搜索引擎的方法是：单击 IE 浏览器地址栏一体框中的"放大镜（搜索）"图标，在下拉列表中，单击"添加"按钮，如图 5.11 所示。

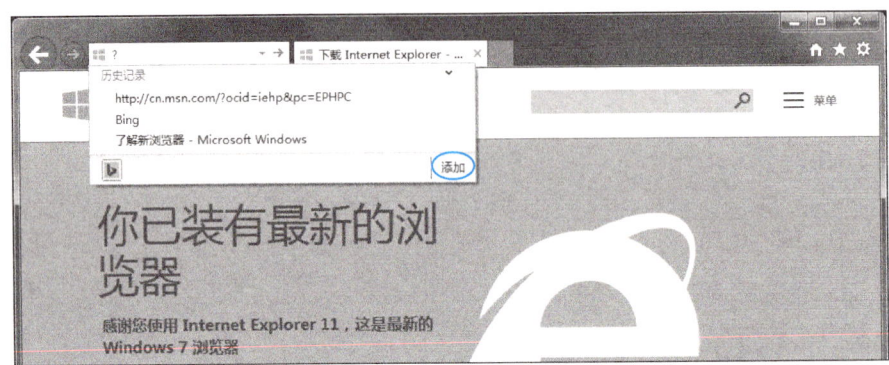

图 5.11 添加搜索提供程序

（3）Internet 选项设置

【操作方法】单击图 5.8 所示的设置菜单中的"Internet 选项"，打开"Internet 选项"对话框，如图 5.12 所示。

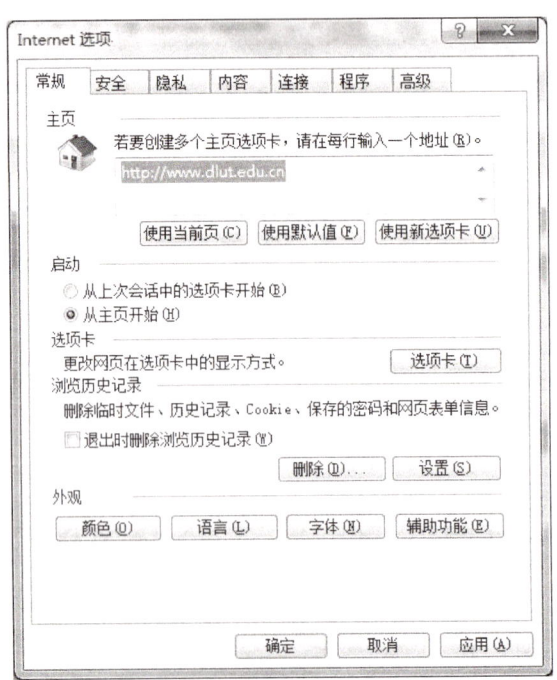

图 5.12 "Internet 选项"对话框

① 设置 IE 的默认主页。IE 的主页是指用户每次启动 IE 时最先见到的那一页。用户可以随时单击工具栏中的"主页"按钮返回到这一页。"常规"选项卡中的"主页"区域中显示的就是当前设置的主页地址。用户可以在"地址"框中输入一个网址作为默认的主页，也可以单击"使用当前页""使用默认值"和"使用新选项卡"按钮来指定相应的页面为主页。

② 历史记录和临时文件。IE 将用户访问过的网址和内容都记录下来，网址存储在历史记录中，网页内容存储在临时文件夹中。这样就可以在不连网的脱机状态下浏览曾经访问过的网页。但是历史记录和临时文件会占用一定的磁盘空间，通过"Internet 选项"对话框中的"常规"选项卡中的"浏览历史记录"选项区域的"删除"按钮，在弹出的"删除浏览的历史记录"对话框中选中"Internet 临时文件""Cookie"和"历史记录"复选框，单击"删除"按钮进行清理。还可通过"Internet 选项"对话框中的"常规"选项卡中的"浏览历史记录"选项区域的"设置"按钮，弹出"Internet 临时文件和历史记录设置"对话框，对临时文件占用的磁盘片空间、历史记录保留的天数等进行设定。

③ 更改网页在选项卡中的显示方式。可以根据个人的喜好，设置网页显示的方式，如图 5.13 所示。

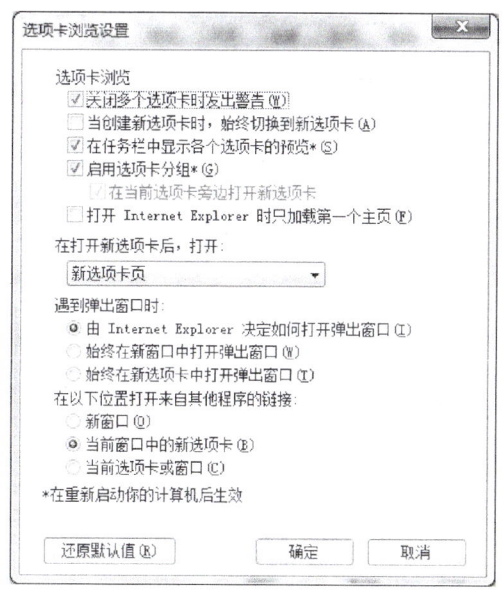

图 5.13 "选项卡浏览设置"对话框

2. 浏览网上信息并保存网页信息

（1）浏览"中国教育和科研计算机网络"主页

【操作方法】

① 启动 IE 浏览器，在地址栏中输入"中国教育科研网"并按 Enter 键，启动 IE 默认的搜索提供程序。

② 在图 5.14 中，单击"中国教育和科研计算机网络 CERNET"链接到其主页，如

图 5.15 所示。

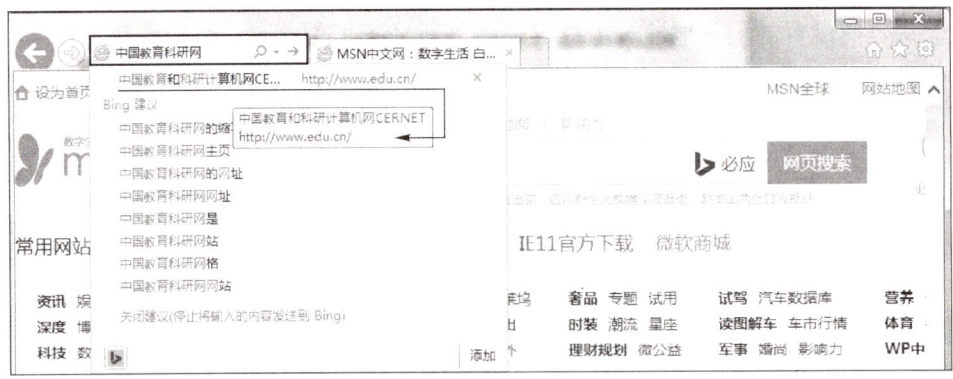

图 5.14　地址栏的搜索功能

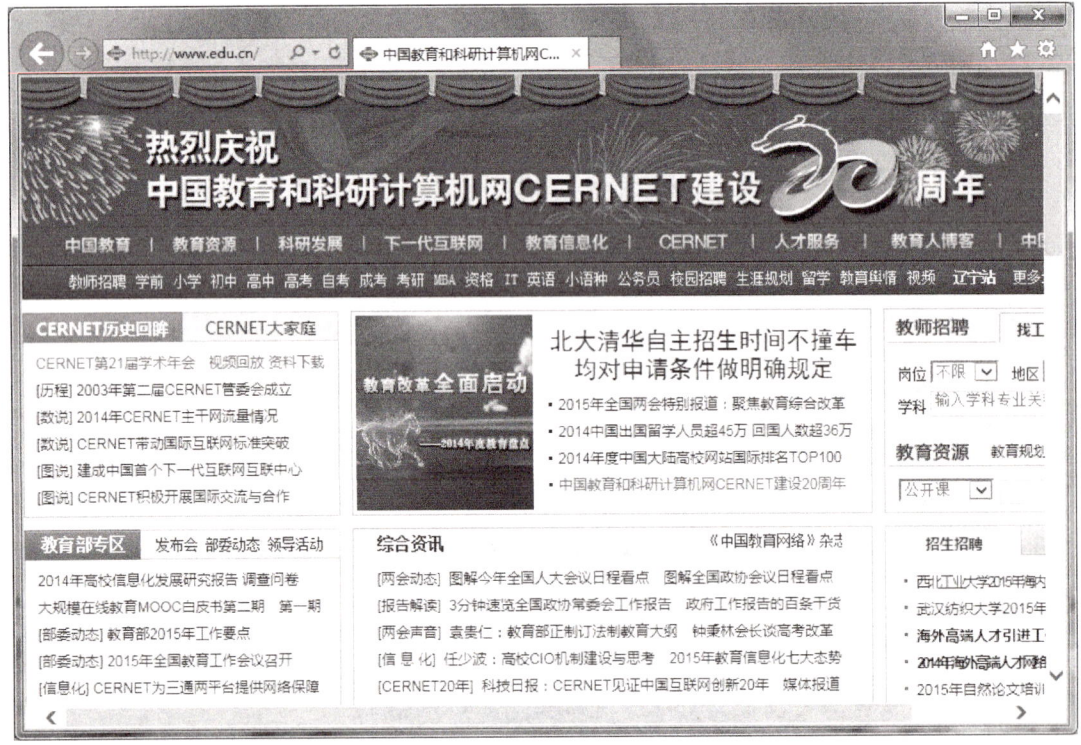

图 5.15　"中国教育和科研计算机网络"主页

(2) 下载当前网页

【操作方法】单击浏览器右上角的齿轮按钮，再单击下拉菜单中的"文件"→"另存为"命令，如图 5.16 所示，在"保存网页"对话框中指定文件存放的位置，文件名设置为"中国教育和科研计算机网.htm"，然后单击"保存"按钮，如图 5.17 所示。

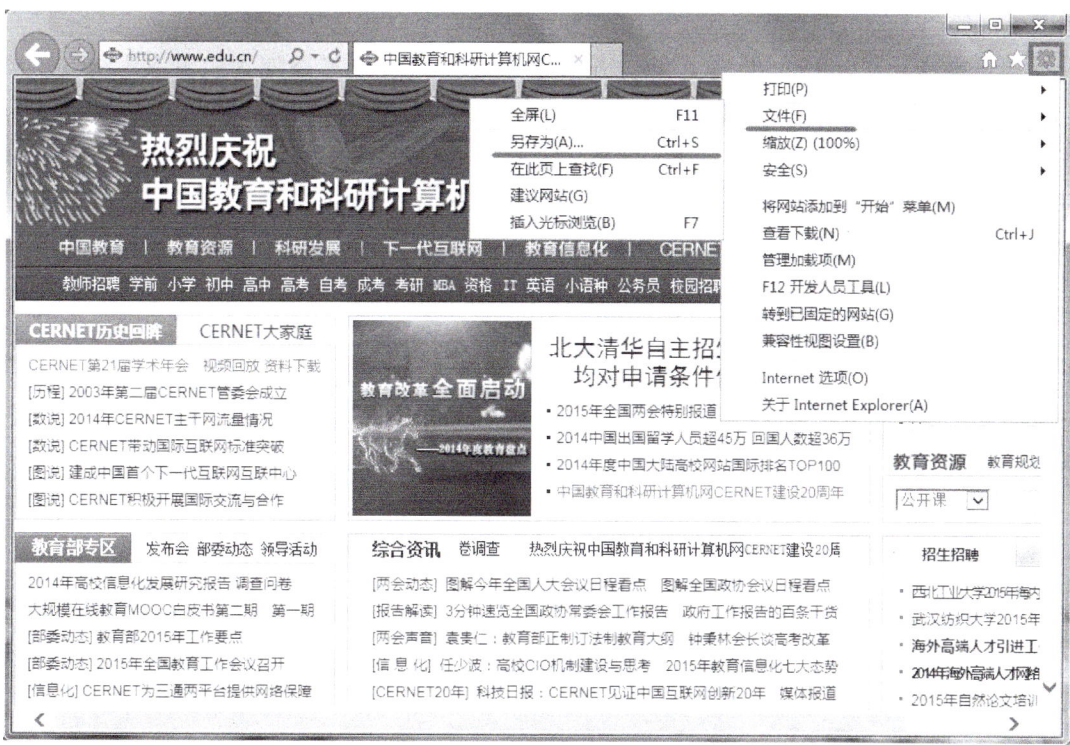

图 5.16　下载当前网页

图 5.17　"保存网页"对话框

（3）收藏网址

【操作方法】单击浏览器右上角的五角星按钮，再单击"添加到收藏夹"按钮，如图 5.18 所示，在弹出的"添加收藏"对话框（如图 5.19 所示）中指定创建位置，然后单击"添加"按钮。

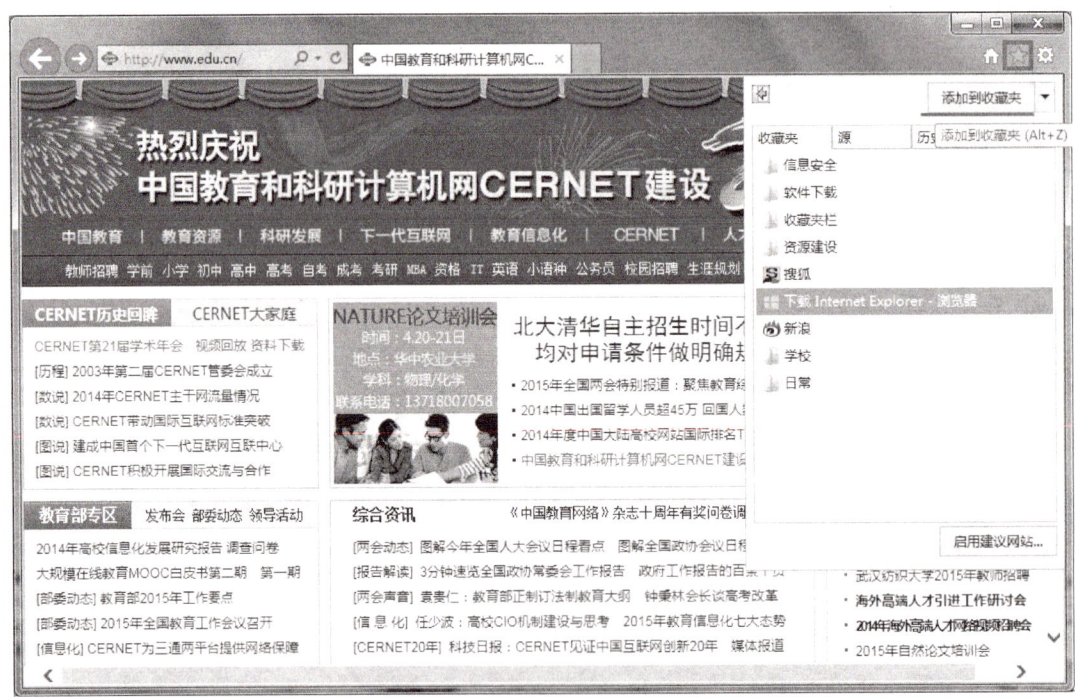

图 5.18　收藏网址

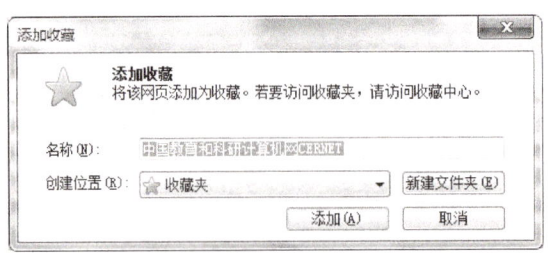

图 5.19　"添加收藏"对话框

（4）导出收藏夹

【操作方法】

① 单击浏览器右上角的五角星按钮，单击"添加到收藏夹"右侧的下三角按钮，选择"导入和导出"选项，如图 5.20 所示。

② 按照提示依次执行：选中"导出到文件"单选按钮，选择希望导出的内容"收藏夹"，选择导出的文件夹，确定保存收藏夹的位置和文件名。

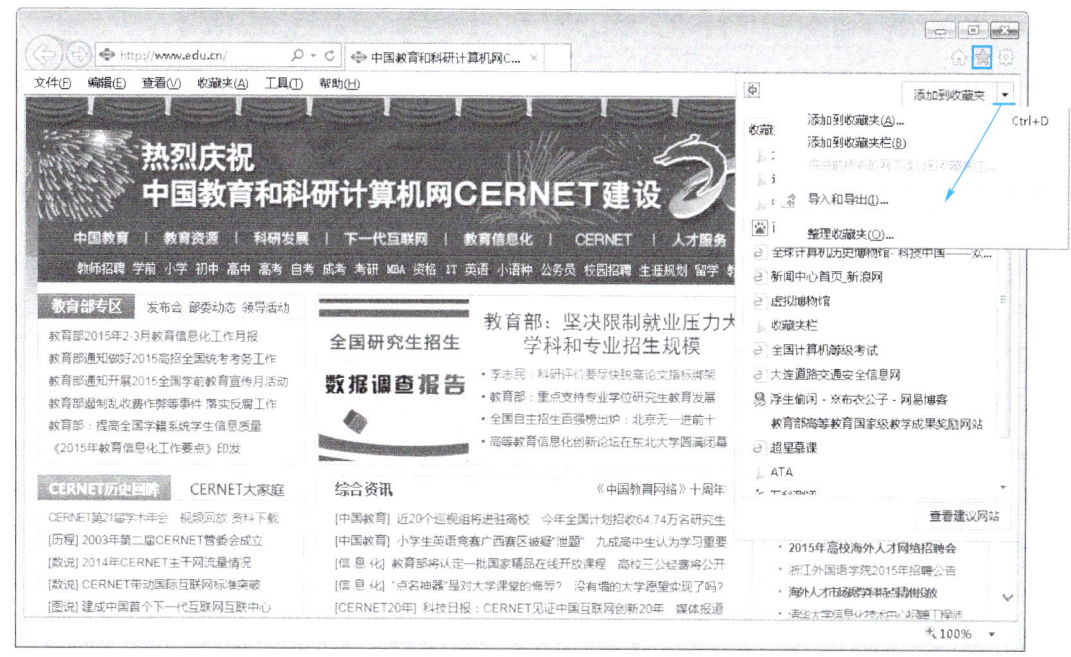

图 5.20　导入和导出收藏夹

实验三　收发电子邮件

一、实验目的
① 学会申请免费电子信箱。
② 掌握电子邮件的收发方法。

二、实验内容

1. 申请免费电子邮箱

【操作方法】

① 启动 IE 浏览器,在浏览器窗口的地址栏中输入"http://mail.163.com/"并按 Enter 键,进入 163 邮箱主页,如图 5.21 所示。

② 单击"注册"按钮,在弹出的窗口中填写邮件地址和个人资料(如图 5.22 所示),单击"立即注册"按钮,注册成功。

注意:网易邮箱界面时常更新,具体的以实际页面为准。

2. 用 Web 方式收发电子邮件

【操作方法】

① 利用浏览器登录到 163 邮箱主页(如图 5.21 所示),输入账号和密码后,单击"登录"按钮进入电子邮箱,如图 5.23 所示。

130 · 大学计算机实验指导

图 5.21　163 邮箱主页

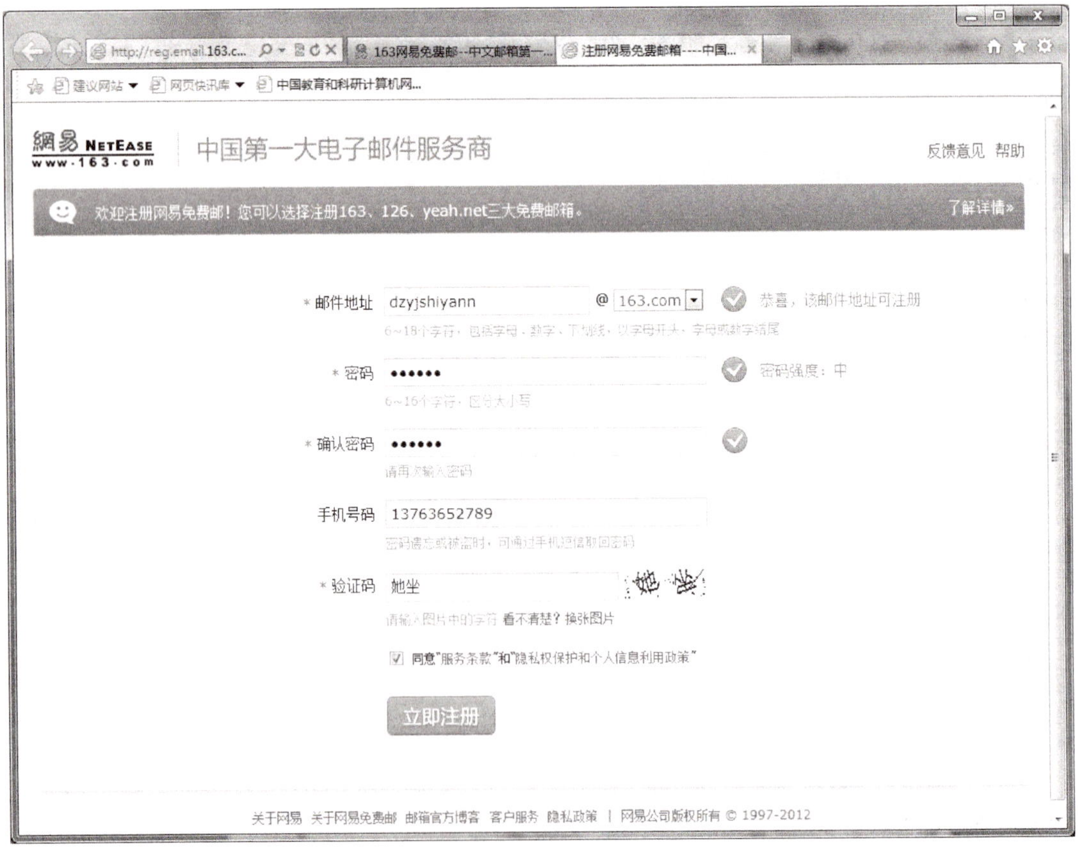

图 5.22　填写邮件地址和个人资料

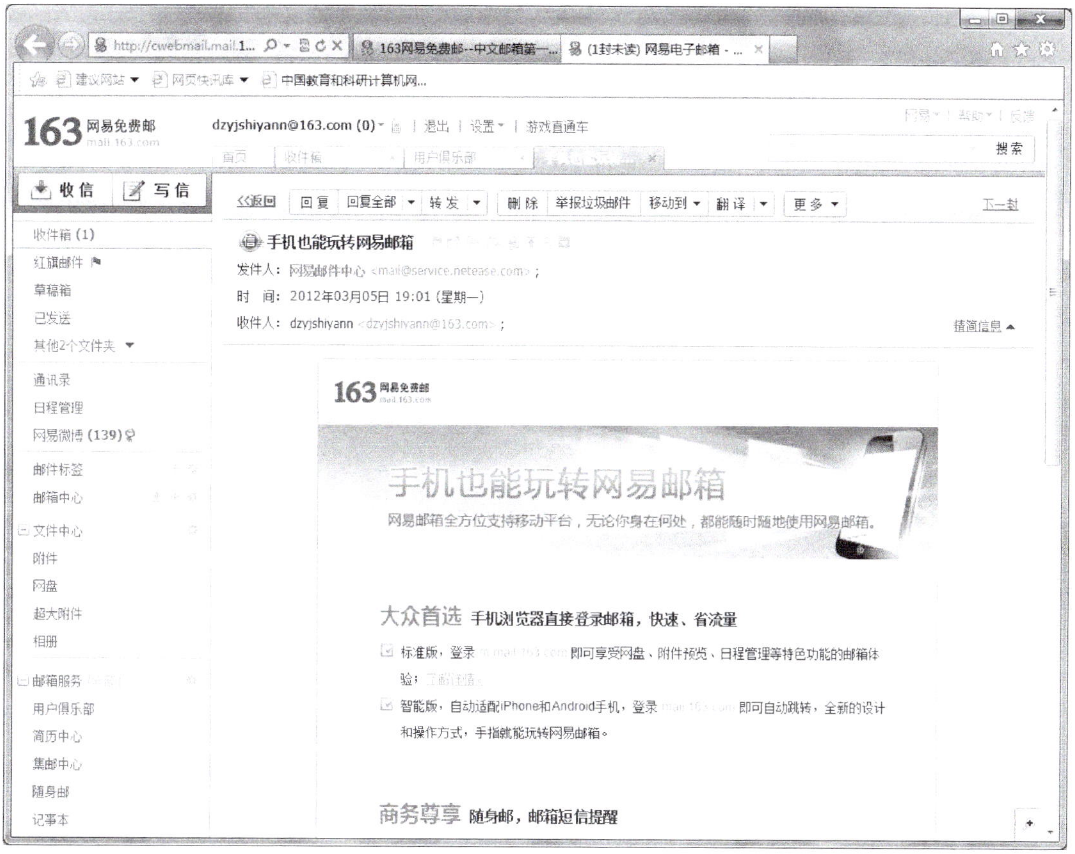

图 5.23　进入个人邮箱

② 撰写一封新邮件并将它发给自己：单击"写信"按钮，进入"写信"页面。填写各项内容并添加附件（如图 5.24 所示），最后单击"发送"按钮。

③ 接收自撰的新邮件：单击"收信"或"收件箱"，接收新邮件。

④ 删除邮件：勾选要删除邮件前面的复选框，然后单击"删除"按钮。

3. Microsoft Office Outlook 2010 收发邮件

（1）添加邮件账户

在使用 Microsoft Office Outlook 2010 收发邮件之前，必须添加邮件账户。

【操作方法】

① 打开 Office Outlook 2010，单击"文件"→"信息"→"添加账户"，如图 5.25 所示。

② 在"选择服务"窗口中，单击"电子邮件账户"，单击"下一步"按钮，如图 5.26 所示。

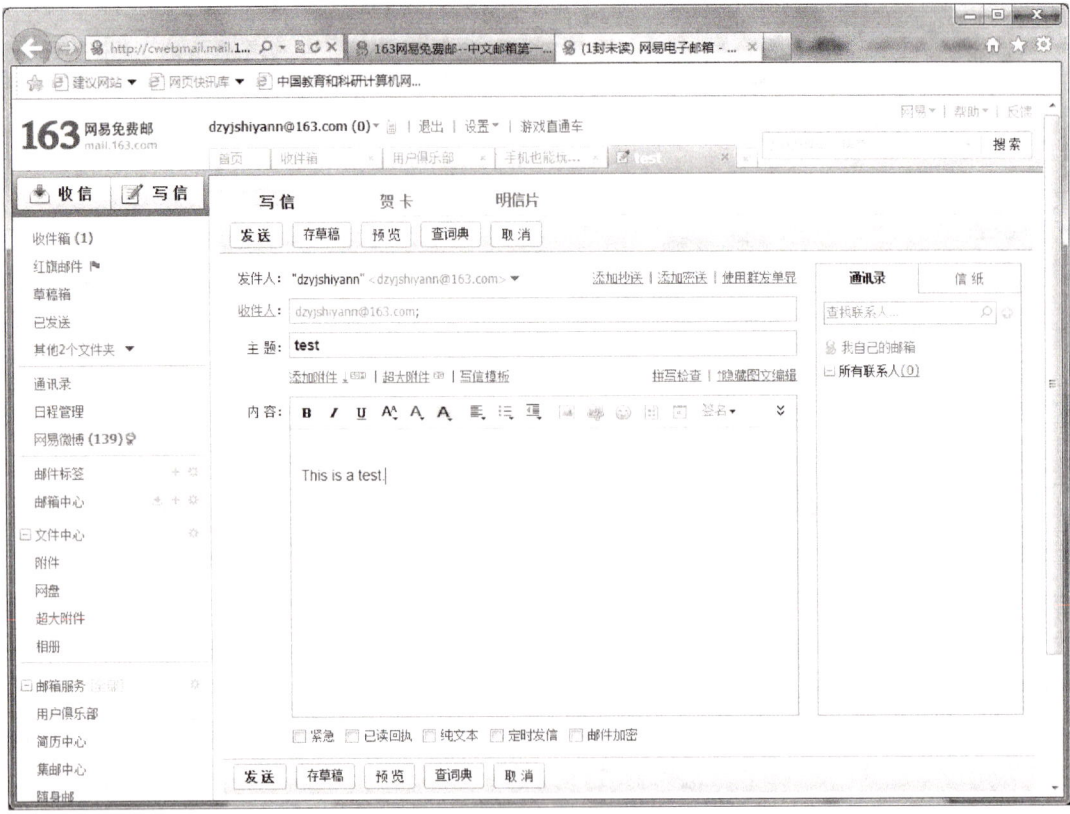

图 5.24 撰写并发送邮件

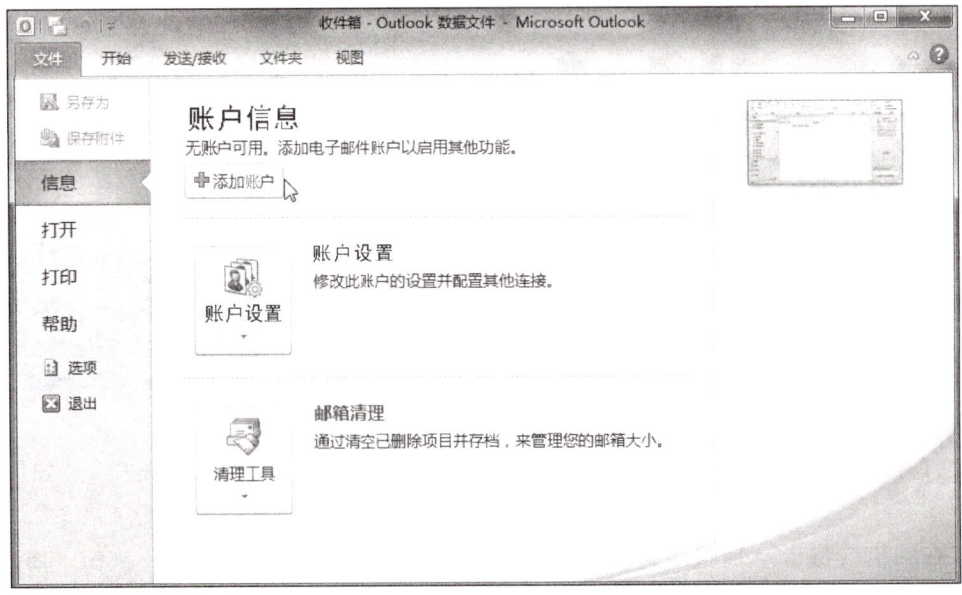

图 5.25 添加账户

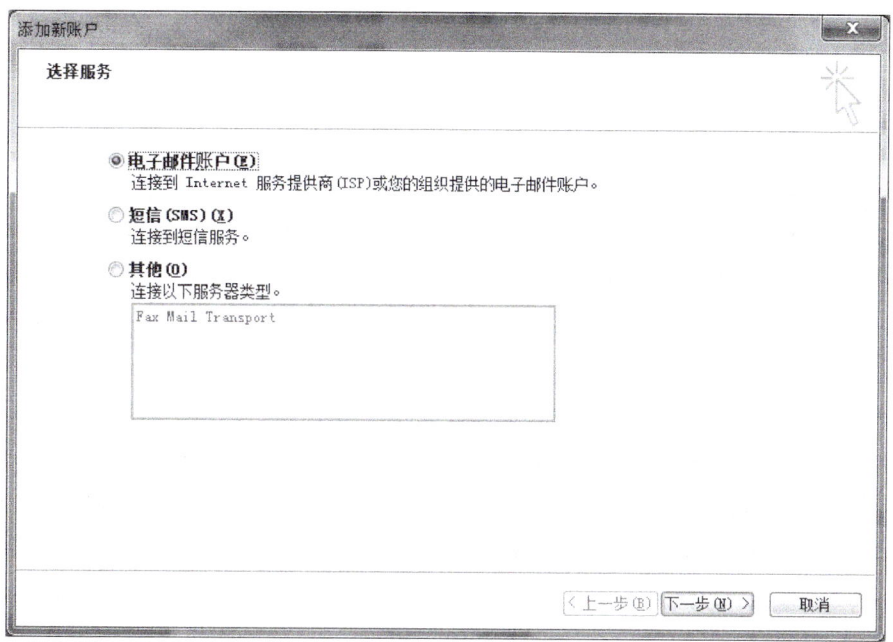

图 5.26 选择服务

③ 在"自动账户设置"对话框中,选择"电子邮件账户",输入姓名、邮件地址和密码,如图 5.27 所示,单击"下一步"按钮后,在邮件服务器上完成设置,如图 5.28 所示。

图 5.27 "自动账户设置"对话框

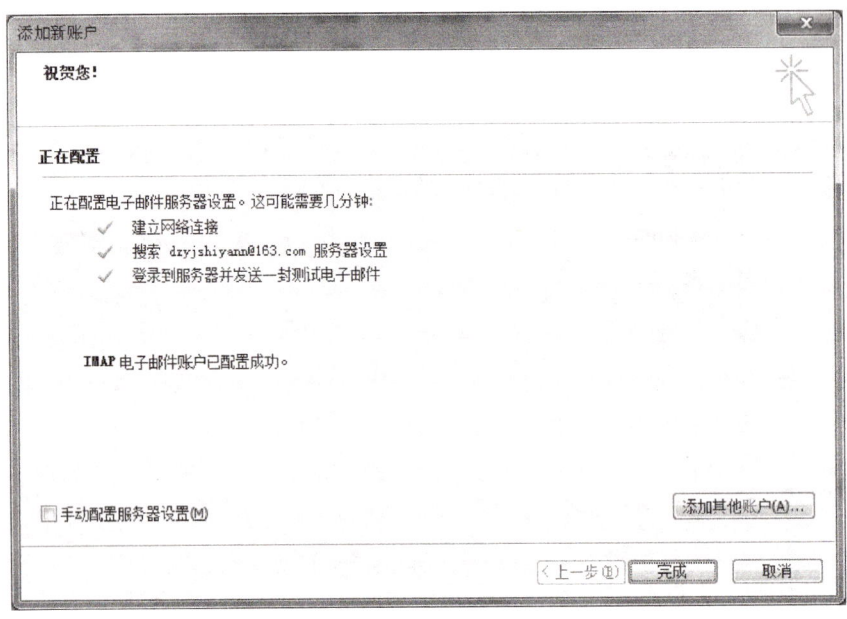

图 5.28　配置邮件账号

（2）工作界面

Microsoft Office Outlook 2010 是一个性能优越的邮件客户端程序，用来发送和接收电子邮件，管理日程、联系人和任务以及记录活动。其工作界面如图 5.29 所示。

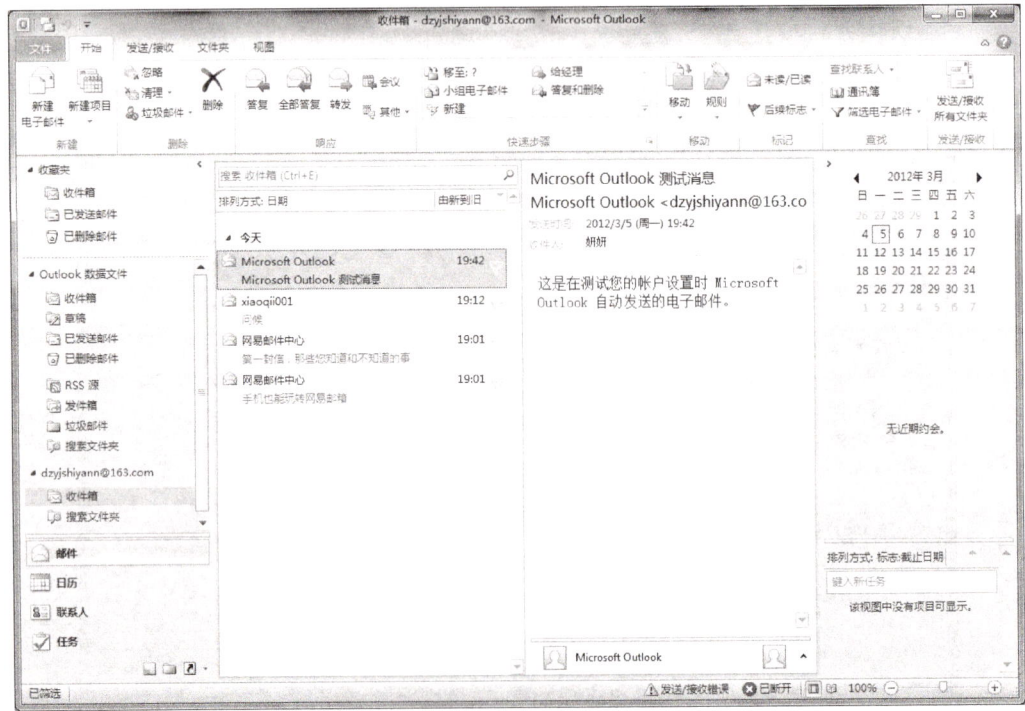

图 5.29　Microsoft Office Outlook 2010 界面

在 Outlook 数据文件中列出了 Outlook 自定义的文件夹，用户也可以根据自己的实际需要添加或删除文件夹。下列是最基本的文件夹。

① 收件箱：用于存放接收到的邮件，若不将它们移到别处，所有收到的邮件将一直保存在这里。

② 发件箱：撰写好新邮件后，在默认情况下 Outlook 并不将其立即发出，而是把它们暂存在发件箱中，待按下"发送和接收"按钮后才将邮件发出（但是在局域网连接方式下，邮件会立即发出）。

③ 已发送邮件：存放已发送邮件的副本，以备将来使用。

④ 已删除邮件：从其他文件夹中删除的邮件都保存在该文件夹中。如果要永久删除这些邮件，用鼠标右击该文件夹图标，在快捷菜单中选择"清空文件夹"命令。

⑤ 草稿：若在撰写邮件的过程中不得不临时中断一下，可以关闭正在编写的邮件并将其保存在"草稿"文件夹中，以后可以随时打开继续进行编辑。

三、练习

1. 任选一种免费邮箱，如 163/126 邮箱、QQ 邮箱、学校 Web 邮箱等，实现 Web 方式下电子邮件的发送和接收。

2. 试做 Microsoft Office Outlook 2010 电子邮件账号设置。

3. 利用 Microsoft Office Outlook 2010 软件进行邮件发送与接收。如图 5.30 所示，给自己发送一封电子邮件，要求：

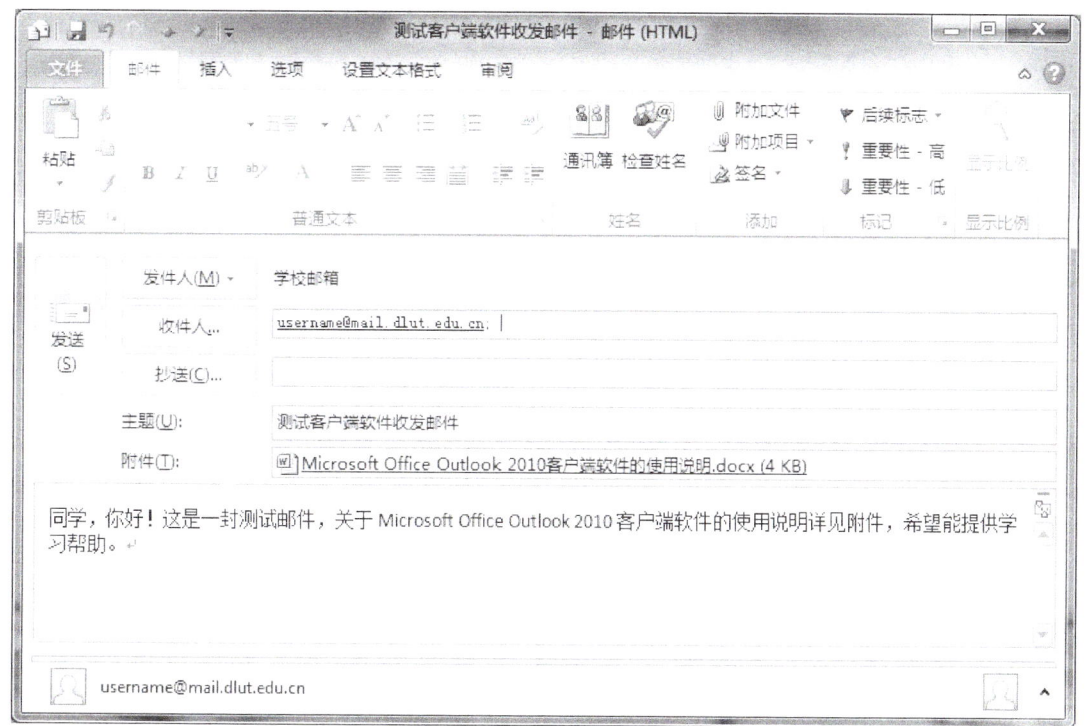

图 5.30　收发邮件操作界面

① 收件人：用户名@邮件服务器，如 username@mail.dlut.edu.cn。

② 主题：测试客户端软件收发邮件。

③ 内容：同学，你好！这是一封测试邮件，关于 Microsoft Office Outlook 2010 客户端软件的使用说明详见附件，希望能提供学习帮助。

④ 附件：利用百度搜索关于 Microsoft Office Outlook 2010 客户端软件的使用说明，并保存为 Word 文档，作为附件使用。

⑤ 若需要分发多个电子邮件地址，地址之间用英文分号（;）分隔。

第六单元
Access 数据库基础

实验一　Access 数据库表的建立和维护

一、实验目的
掌握建立和维护 Access 数据库的一般方法。

二、实验内容

1. 建立数据库

创建一个 Access 数据库，文件名为"学生.accdb"，将其保存在"桌面"上，并在其中建立表"Students"。

【操作方法】

① 启动 Microsoft Access 2010，在打开的如图 6.1 所示窗口中，选择"文件"→"新建"→"空数据库"命令。通过单击窗口右下方的"浏览"按钮，设置数据库文件保存的位置、

图 6.1　新建数据库

保存类型为"Microsoft Access 2007 数据库（*.accdb）"、文件名为"学生.accdb"，单击"创建"按钮，即可创建一个以"学生"为主文件名的 Access 数据库文件，同时打开一个如图 6.2 所示的窗口。

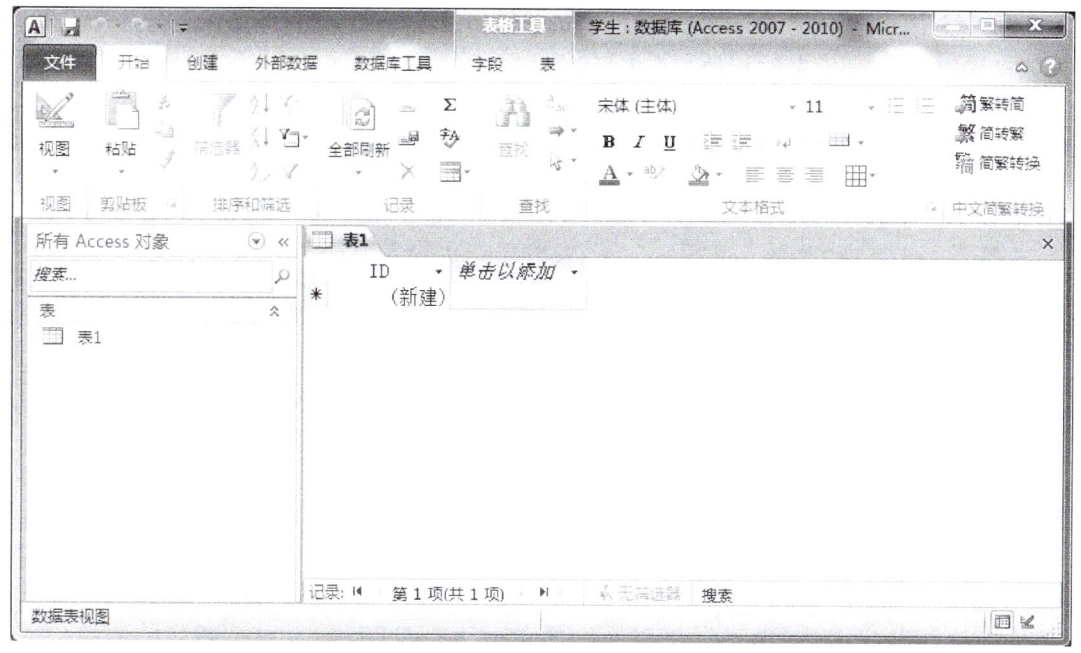

图 6.2　新建数据库窗口

② 选择"表格工具"菜单，单击"视图"工具组下的"设计视图"，为新表命名为"students"，按照表 6.1 所示的内容，在"字段名称"输入字段名，并为其设置数据类型、字段大小。

表 6.1　students 表的结构

字 段 名 称	数 据 类 型	字 段 大 小	对字段的要求
学号	文本	9 个字符	主键
姓名	文本	5 个字符	
性别	文本	1 个字符	只能输入男或女
党员	是/否		格式为"是/否"
班级	文本	6 个字符	默认值为"建 1501 班"
出生年月	日期/时间		格式为"长日期"
奖学金	货币		小数位数为 0
助学金	货币		小数位数为 0
照片	OLE 对象		

提示：在性别字段常规属性选项卡的"有效性规则"文本框中，输入："男" Or "女"；在"有效性文本"文本框中，输入：只能输入男或女。

③ 建好数据库结构后，定义"学号"为主键，定义方法为：单击表中"学号"一行，然后单击工具栏中的"主键"图标按钮。主键的作用是可以唯一地标识表中的每一条记录。

创建好的表 students 的结构如图 6.3 所示。

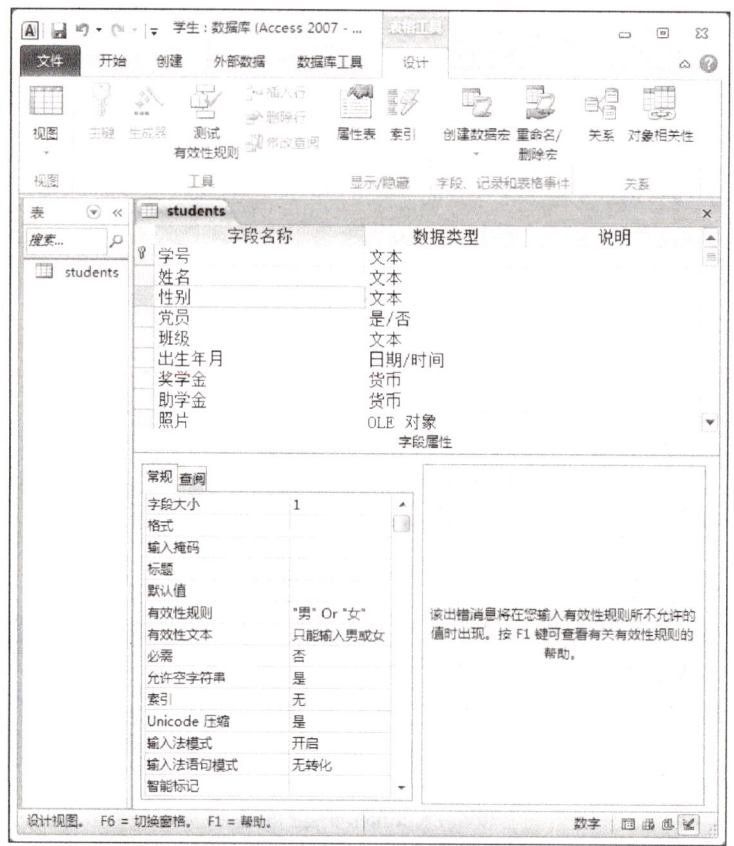

图 6.3　创建的 students 表结构

至此，students 表结构建立完成，可以向表中输入数据了。创建表的另外一种方法是直接向表中输入数据，在此不做介绍。

说明：

扩展名 .accdb 是采用 Access 2010 文件格式的数据库的标准文件扩展名，无法使用 Access 2007 之前的版本打开 Access 2010 以 .accdb 文件格式创建的文件。

2. 数据库的管理与维护

（1）向表中输入数据

【操作方法】　双击刚创建的表 students，进入数据表视图，依次输入数据，如图 6.4 所示。

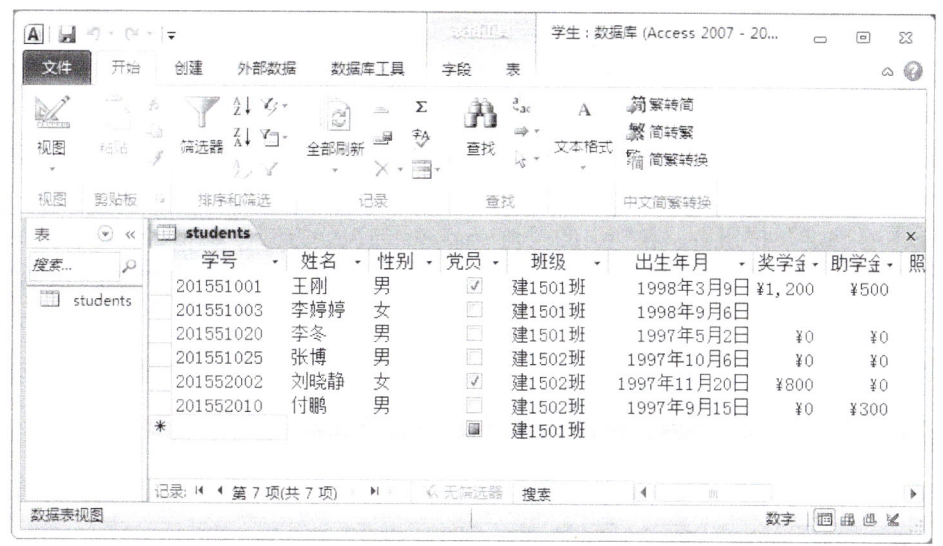

图 6.4　数据表视图

在录入数据时，如果性别字段输入了男或女以外的其他字符，则系统会出现提示信息，如图 6.5 所示。

图 6.5　提示信息

若要添加照片，可选中照片一栏，然后右击，从快捷菜单中选择"插入对象"→"由文件创建"→"浏览"命令，选择照片即可。

（2）表结构的修改

选择表，如"students"，单击"视图"工具下的设计视图图标，即可进入设计视图并对表的结构进行修改。

对名称、字段类型和字段属性，可以进行插入、删除、移动等操作，还可以重新设置主键。

（3）数据的导入、导出

导出：采用"外部数据"选项卡"导出"工具组中的命令，可将表格数据导出，保存成 Excel 文件、文本文件等。

导入：采用"外部数据"选项卡"导入"工具组中的命令，可将 Excel、Access、ODBC 数据库中的数据导入到表中。

例如，将 students 表中的数据导出，以文本文件的形式保存在 D 盘根目录中。

【操作方法】

① 打开表 students，单击“外部数据”选项卡下“导出”工具组中的“文本文件”命令，打开“导出-文本文件”对话框。

② 选择保存位置为 D 盘根目录、导出文件名为 students. txt，根据需要选择“指定导出选项”，如选择“导出数据时包含格式和布局”。

③ 单击“确定”按钮后，在弹出的“对 students 的编码方式”对话框中，选择用于保存该文件的编码方式为“Windows(默认)”，单击“确定”按钮，即可完成数据的导出。导出结果如图 6. 6 所示。

ID	学号	姓名	性别	党员	班级	出生年月	奖学金	助学金
1	201251001	王刚	男	True	建1501班	1998年3月9日	￥1,200.00	￥500.00
6	201251003	李婷婷	女	False	建1501班	1998年9月6日	￥0.00	￥0.00
2	201251020	李冬	男	False	建1501班	1997年5月2日	￥0.00	￥0.00
5	201251025	张博	男	False	建1502班	1997年10月6日	￥0.00	￥0.00
3	201252002	刘晓静	女	True	建1502班	1997年11月20日	￥800.00	￥0.00
4	201252010	付鹏	男	False	建1502班	1997年9月15日	￥0.00	￥300.00

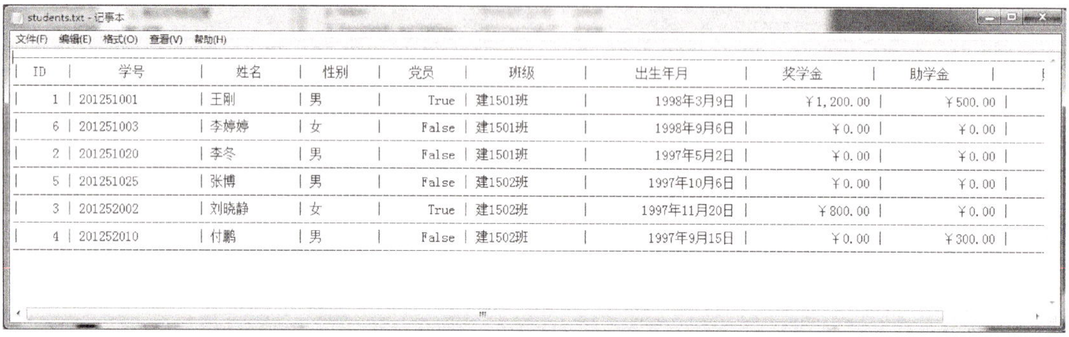

图 6. 6　数据导出结果

(4) 表的复制、删除

将表 students 复制为 students1，然后删除表 students1。

【操作方法】

① 选定表 students，选择右键快捷菜单中的“复制”和“粘贴”命令。

② 在弹出的“粘贴表方式”对话框中，输入表名“students1”，选择“粘贴选项”为“结构和数据”，如图 6. 7 所示。单击“确定”按钮后，即可在数据库中产生一个与表 students 完全相同的表。

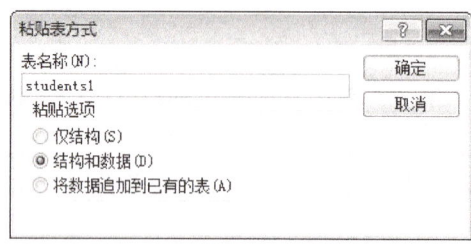

图 6. 7　“粘贴表方式”对话框

③ 选中表 students1，右击，从弹出的快捷菜单中选择“删除”命令，即可从数据库中删除此表。

三、练习

1. 建立数据库

① 创建一个名为 Study. accdb 的数据库文件，将其存放在 D 盘“access 练习”文件夹中。

② 在数据库文件 Study.accdb 中创建表 students，该表结构如表 6.2 所示，其中"学号"设为主键。

表 6.2 表 students 的结构

字段名称	数据类型	字段大小	对字段的要求
学号	文本	9 个字符	只能输入以 2015 开头的 9 个字符
姓名	文本	4 个字符	
性别	文本	1 个字符	只能输入男或女
专业	文本	6 个字符	
出生年月	日期/时间		短日期
奖学金	货币		小数位数为 0

③ 将表 6.3 中的数据输入表 students 中。

表 6.3 表 students 的数据

学号	姓名	性别	专业	出生年月	奖学金
201500001	丁宁	男	计算机	1997-6-2	￥1000
201501002	于海	男	企业管理	1997-2-22	￥2000
201501005	马卫东	男	通信工程	1996-10-15	￥1500
201501012	王子	男	法学	1996-8-22	￥500
201502025	王晓娜	女	音乐	1997-7-3	￥1000
201502021	东方明	女	计算机	1996-11-12	￥1000
201503009	刘勇	男	计算机	1996-10-2	￥3000
201503014	刘东东	女	通信工程	1997-9-25	￥1500
201504006	杨阳	女	企业管理	1997-5-22	￥500

④ 创建表 scores。根据表 6.4 中的数据，先确定表 scores 的结构，然后在数据库文件 study.accdb 中创建该表。

表 6.4 表 scores 的数据

学号	课程	成绩
201500001	数据库概论	87
201500001	高等数学	85
201501002	管理学基础	75
201501005	模拟电路	64
201501005	大学英语	56
201501012	民法	78

续表

学　号	课　程	成　绩
201501012	经济法	88
201502025	乐理	75
201502021	数据库概论	79
201502021	高等数学	88
201502021	大学英语	75
201503009	数据库概论	46
201503009	C++程序设计	60
201503014	数字电路	65
201503014	大学英语	90
201504006	管理学基础	88

⑤ 复制表。将表 students 复制为 students1 和 students2。

2. 修改表的结构

例如，修改表 students1 的结构。

① 修改字段的长度：将"姓名"字段大小由 4 改为 6。

② 修改字段的名称：将"专业"字段的字段名称改为"所学专业"。

③ 添加新的字段：字段名称为"籍贯"，字段类型为文本型，字段大小为 6，并为各个记录输入相应的籍贯信息（自行输入）。

④ 调整字段的位置：将"出生年月"字段移到"专业"字段之前。

3. 创建表 courses

根据表 6.5 所示的表结构，在上述建立的数据库文件 Study.accdb 中创建新的表 courses。

表 6.5　表 courses 的结构

字 段 名 称	数 据 类 型	字 段 大 小
课程号	文本	6 个字符
课程名	文本	10 个字符
任课教师姓名	文本	4 个字符

实验二　SQL 常用命令

一、实验目的

① 了解在 Access 中使用 SQL 命令的方法。

② 掌握用 SQL 语言对 Access 数据库数据进行操纵、查询的方法。

二、实验内容

1. SQL 的数据操纵命令

（1）INSERT 命令

格式：INSERT INTO 表名［字段 1,字段 2,……,字段 n］
　　　　VALUES(常量 1,常量 2,……,常量 n)

例如，向 students 表中插入记录：

"201553007","朱元东","男",TRUE,"建 1503 班",#2/22/1998#,800,200

【操作方法】

① 单击"创建"选项卡下的"查询设计"选项，在打开的对话框中不作任何的修改，直接关闭对话框，目的是建立一个空查询。

② 选择"查询工具""设计"选项卡中的 SQL 视图，单击 SQL 视图（Q）。

③ 在"查询1"视图中，输入 SQL 命令，如图 6.8 所示。

④ 单击"运行" ❗ 命令，则执行相应的插入操作。

⑤ 打开 students 表，可以看到在该表的最后添加了一条新的记录。

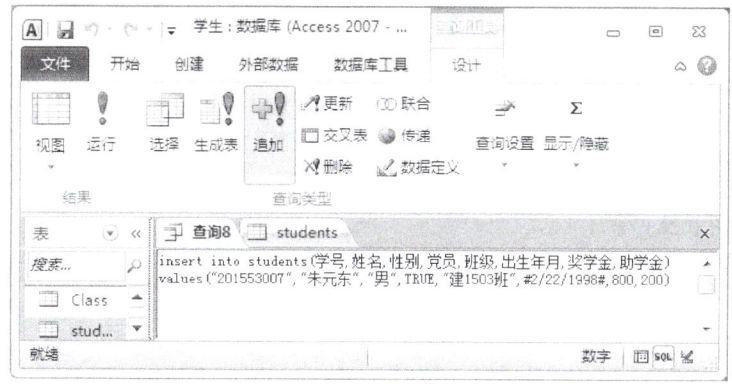

图 6.8　输入 INSERT 命令

注意：

① 在使用 SQL 命令时，除汉字以外的所有字符，均应在英文状态下输入。

② SQL 语句中的常量在引用时，不同的数据类型其引用方式不同。如文本型数据类型用英文状态下的双引号""、日期时间型数据用##、是否型数据的值是 true/false（或者 yes/no 或者-1/0），详见图 6.8 中的语句。

③ 在 SQL 视图中，一次只能输入并执行一条 SQL 命令。

（2）UPDATE 命令

UPDATE 命令用于修改数据。

格式：UPDATE 表名 SET 字段 1=表达式 1,……,字段 n=表达式 n

[WHERE 条件]

例如，将表 students 中的"王刚"改为"王浩"：

```
UPDATE students SET 姓名 = "王浩" WHERE 姓名="王刚"
```

例如，将表 students 中奖学金低于 1000 元的学生的助学金加 100 元：

```
UPDATE students SET 助学金 =助学金+100 WHERE 奖学金<1000
```

(3) DELETE 命令

格式：DELETE FROM 表名[WHERE 条件]

例如，将表 students 中学号为 201553007 的记录删除。

```
DELETE FROM students WHERE 学号 = "201553007"
```

做完（3）操作后再执行一次（1）中的插入记录，并保存数据库。

2. SQL 的数据查询命令

格式：SELECT 目标列 FROM 表名

SELECT 命令的使用同样需要在 SQL 视图中实现。

（1）查询所有学生的基本情况

采用实验一中所建的数据库文件：学生.accdb。

在 SQL 视图中可以输入语句：

SELECT 学号，姓名，性别，党员，班级号，出生年月，奖学金，助学金，照片 FROM Students。

符号 * 可以表示所有的字段，则上述语句也可写为：

```
SELECT * FROM students
```

查询结果如图 6.9 所示。

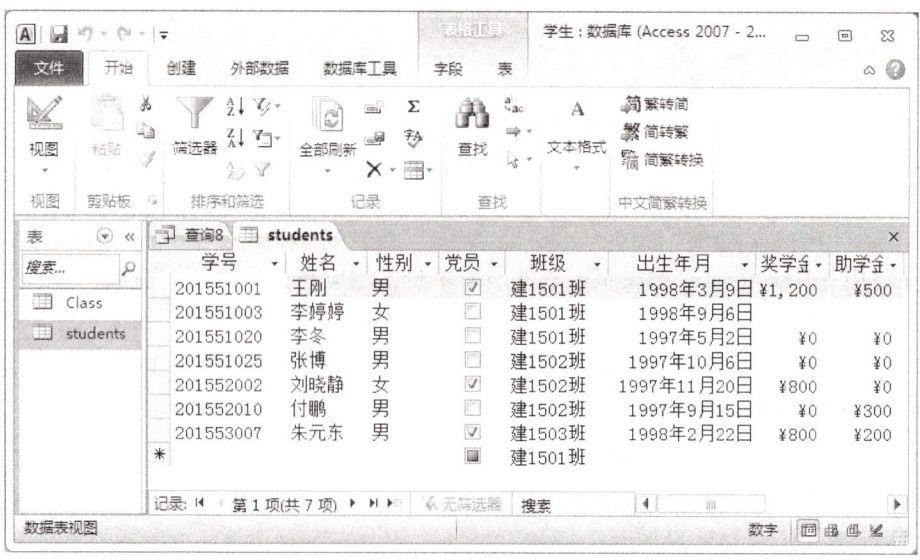

图 6.9 基本查询结果

基本句式中的目标列名可以是 SQL 库函数的表达式,如 SQL 聚合函数,如表 6.6 所示。

表 6.6　SQL 聚合函数

函　数　名	描　　述
AVG	计算查询的指定字段中所包含的一组值的算术平均值
COUNT	计算查询所返回的记录数
SUM	返回查询的指定字段中包含的一组值的总和
MAX 与 MIN	返回查询的指定字段中包含的一组值的最大值或最小值
First 与 Last	返回在查询所返回的结果集中的第一个或者最后一个记录的字段值
StDev 与 StDevP	返回以包含在查询的指定字段内的一组值作为总体样本或总体样本抽样的标准偏差的估计值
Var 与 VarP	返回以包含在查询的指定字段内的一组值为总体样本或总体样本抽样的方差的估计值

(2) 查询学生人数、最低奖学金、最高奖学金、平均奖学金和平均助学金

```
SELECT COUNT(*) AS 人数,MIN(奖学金) AS 最低奖学金,MAX(奖学金) AS 最高奖学金,AVG(奖学金) AS 平均奖学金,AVG(助学金) AS 平均助学金 FROM Students
```

在 SQL 视图中创建查询如图 6.10 所示,执行查询后的结果如图 6.11 所示。

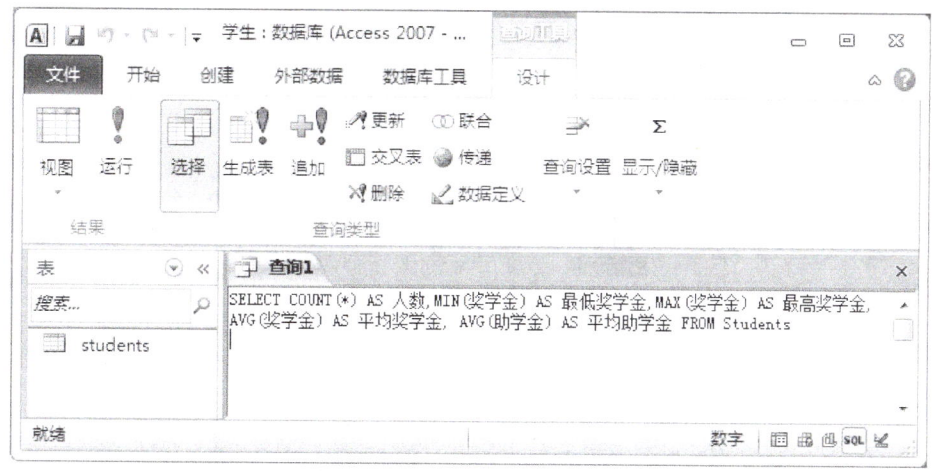

图 6.10　使用 SELECT 语句创建查询

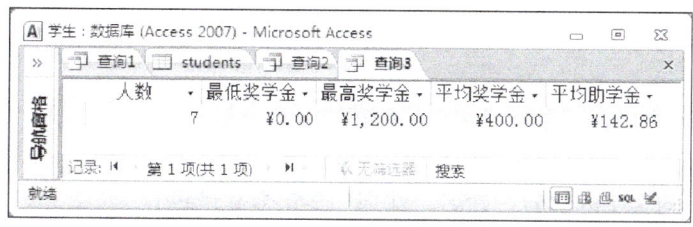

图 6.11　执行查询结果

（3）查询所有的班级

```
SELECT DISTINCT 班级 FROM students
```

查询结果如图 6.12 所示，如果删除 DISTINCT，则查询结果如图 6.13 所示。

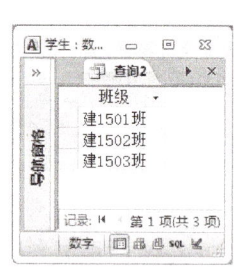 

图 6.12　有 DISTINCT 选择结果　　　图 6.13　无 DISTINCT 选择结果

（4）查询所有人的学号、姓名、班级、奖学金+助学金的总金额

```
SELECT 学号,姓名,班级,奖学金+助学金 AS 总金额 FROM students
```

查询结果如图 6.14 所示。

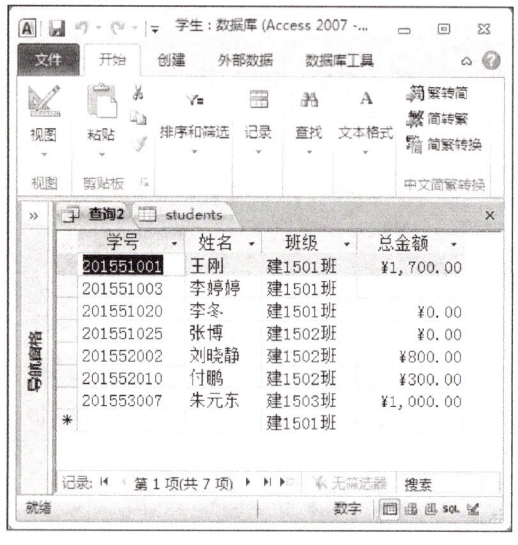

图 6.14　带运算符的查询结果

3. WHERE 子句

WHERE 子句的作用：一是选择记录，输出满足条件的记录；二是建立多个表或查询之间的连接。

（1）查询党员的学生的学号、姓名、性别、奖学金和班级

```
SELECT 学号,姓名,性别,奖学金,班级 FROM students WHERE 党员=true
```

查询结果如图 6.15 所示。

图 6.15　党员查询结果

（2）查询 1998 年以后出生的女生学号、姓名、性别、出生年月

```
SELECT 学号,姓名,性别,出生年月 FROM students
WHERE 出生年月>#1/1/1998# AND 性别="女"
```

查询结果如图 6.16 所示。

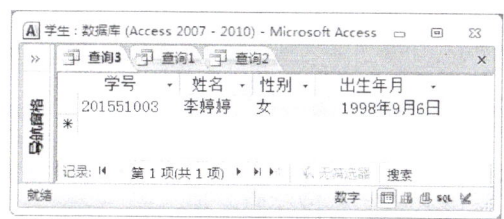

图 6.16　1998 年后出生的女生查询结果

4. ORDER BY 子句

ORDER BY 子句用于指定查询结果的排列顺序。ASC 表示升序，DESC 表示降序。该子句可以指定多个列作为排序关键字。

例如，查询所有学生的学号、姓名、班级号，并按奖学金从小到大，班级从大到小排序。

```
SELECT 学号,姓名,班级,奖学金 FROM students ORDER BY 奖学金 ASC,班级 DESC
```

查询结果如图 6.17 所示。

5. GROUP BY 子句和 HAVING 子句

（1）GROUP BY 子句

例如，查询男女同学的人数、最低奖学金、最高奖学金、平均奖学金和平均助学金。

```
SELECT 性别,COUNT(学号) AS 人数,MIN(奖学金) AS 最低奖学金,
MAX(奖学金) AS 最高奖学金,AVG(奖学金) AS 平均奖学金,
AVG(助学金) AS 平均助学金 FROM Students GROUP BY 性别
```

查询结果如图 6.18 所示。

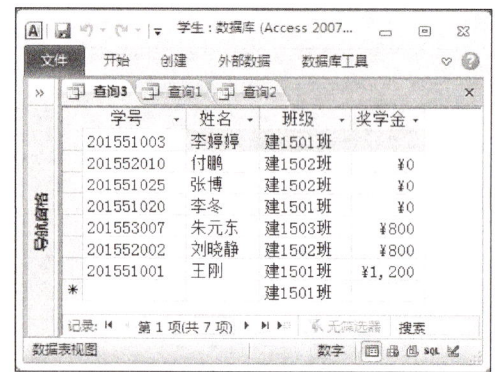

图 6.17 排序查询结果

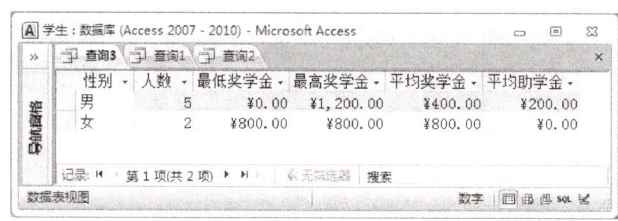

图 6.18 分组查询结果

（2）HAVING 子句

例如，查询奖学金高于 800 元的学生的姓名。

```
SELECT 姓名 FROM students GROUP BY 姓名 HAVING MIN(奖学金)>=800
```

查询结果如图 6.19 所示。

6. 连接查询

在进行数据库的查询时，有时需要的数据可能分布在两个、几个表或视图中，此时需要按照某个条件将这些表或视图连接起来，形成一个临时的表，然后再对该临时表进行简单查询。

为说明连接查询，在数据库"学生.accdb"中，创建另一个表 class，其数据结构如表 6.7 所示，数据如图 6.20 所示。

图 6.19 HAVING 子句过滤后的查询结果

表 6.7 class 表的结构

字 段 名 称	数 据 类 型	字 段 大 小
班级	文本	6
专业	文本	10
学制	文本	2
班主任	文本	4
班长	文本	5

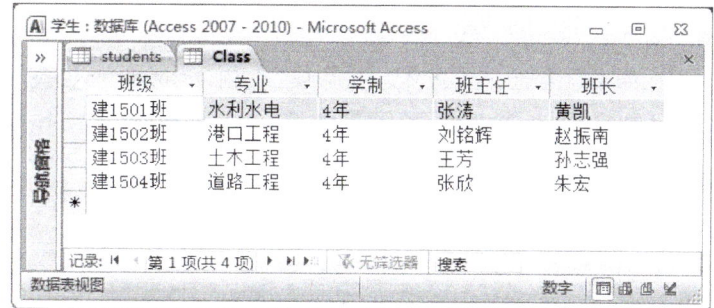

图 6.20　class 表

例如，查询所有学生的学号、姓名、专业、班主任和学制：

SELECT STUDENTS.学号,STUDENTS.姓名,CLASS.专业,CLASS.学制,CLASS.班主任 FROM STUDENTS,CLASS WHERE STUDENTS.班级=CLASS.班级

查询结果如图 6.21 所示。

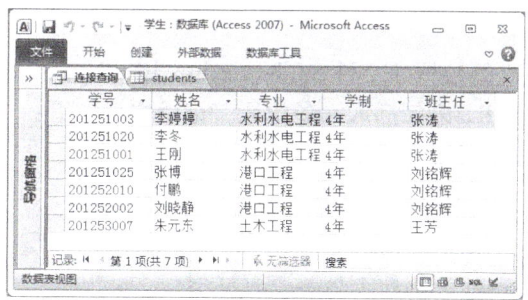

图 6.21　连接查询结果

7. 嵌套查询

（1）选择所有和"张博"一个班的学生的学号、姓名、性别和班级

SELECT STUDENTS.学号,STUDENTS.姓名,STUDENTS.性别,STUDENTS.班级 FROM STUDENTS WHERE 班级 IN(SELECT STUDENTS.班级 FROM STUDENTS WHERE STUDENTS.姓名="张博")

查询结果如图 6.22 所示。

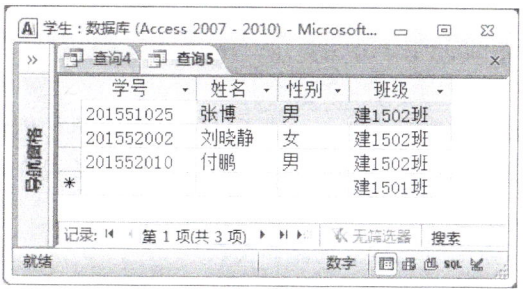

图 6.22　嵌套查询 1 结果

(2) 选择和张博不在一个班的学生

> SELECT STUDENTS.学号,STUDENTS.姓名,STUDENTS.性别,STUDENTS.班级 FROM STUDENTS WHERE 班级 NOT IN(SELECT STUDENTS.班级 FROM STUDENTS WHERE STUDENTS.姓名="张博")

查询结果如图 6.23 所示。

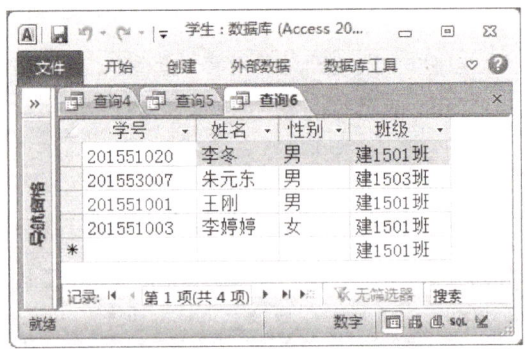

图 6.23　嵌套查询 2 结果

三、练习

对实验一练习中所建立的数据库文件 Study.accdb，用 SQL 命令完成如下操作。

1. 对表 courses 用 INSERT 语句插入一条记录，记录内容如下：

10001　　　高等数学　　　王宏

2. 在表 students1 中，用 DELETE 语句删除女生中奖学金低于 1000 元的记录。
3. 在表 students1 中，用 UPDATE 语句将刘勇更改为刘睿。
4. 查询学生人数、最高奖学金和平均奖学金数额。
5. 查询所有的专业。
6. 查询企业管理专业学生的情况。
7. 查询奖学金高于 1000 元的学生的姓名及专业。

实验三　创建查询

一、实验目的

掌握在 Access 中创建查询的基本方法。

二、实验内容

在 Access 中创建查询的方法有两种：一是通过"查询向导"创建查询；二是使用"查询设计"创建查询。采用"查询向导"可以进行简单查询、交叉表查询、查找重复项查询和查找不匹配项查询。

1. 使用"查询向导"查询所有学生的基本情况

【操作方法】

① 单击"创建"选项卡中的"查询向导"选项，在打开的"新建查询"对话框中选择

"简单查询向导",如图 6.24 所示。

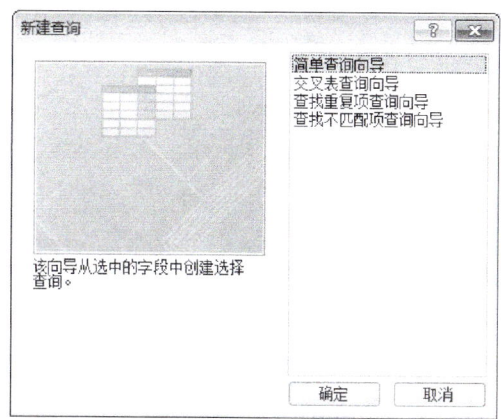

图 6.24　简单查询

② 选定表 students,再选择要查询的字段,单击 >> 按钮可选择所有字段,单击 > 按钮可选择某个选中的字段,如图 6.25 所示。

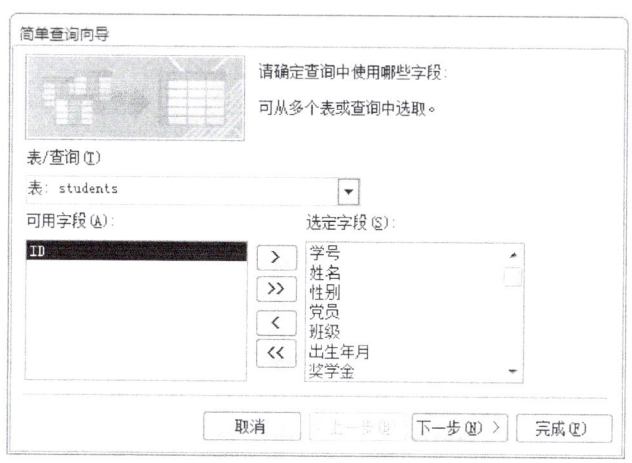

图 6.25　选定的表和字段

③ 单击"下一步"按钮,选择"明细"查询方式,显示每一条记录,如图 6.26 所示。
④ 单击"下一步"按钮,为查询指定标题,如"简单查询",单击"完成"按钮。查看查询结果,如图 6.27 所示。

2. 使用"查询设计"实现查询

例如,查询学生人数、最高奖学金、最低奖学金和平均奖学金。

【操作方法】

① 单击"创建"选项卡中的"查询设计"选项,弹出"显示表"对话框。选择表 students,单击"添加"按钮,如图 6.28 所示,然后关闭"显示表"对话框。

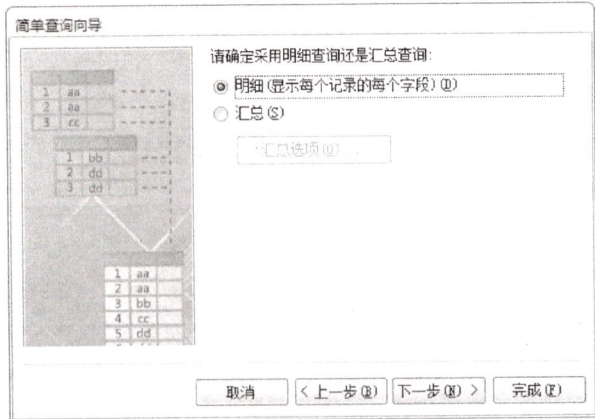

图 6.26 明细查询

图 6.27 查询结果

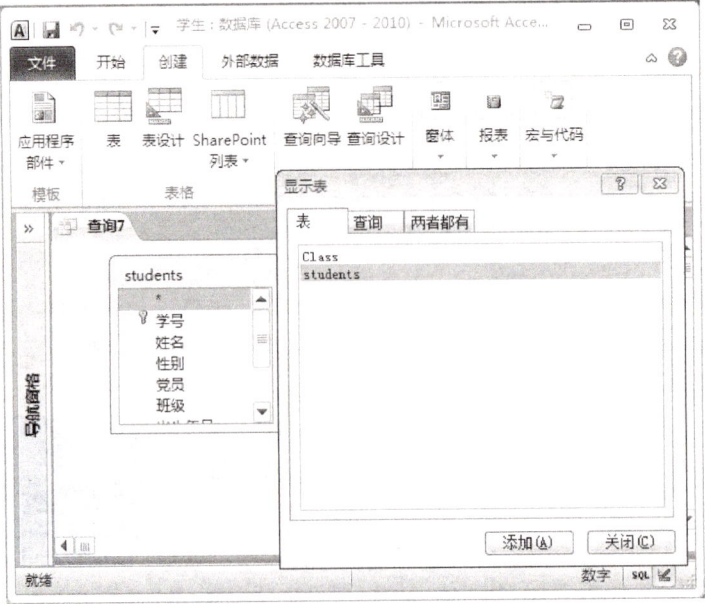

图 6.28 将 students 表添加到查询中

② 单击"字段"下拉箭头，选择要查询的字段，例如"学号""奖学金"。

③ 单击"查询工具|设计"选项卡"显示/隐藏"组中的"汇总"Σ 命令，或者右击查询设计视图，在弹出的快捷菜单中选择"汇总"命令，在查询设计视图上将出现名称为"总计"的一行，在"学号"字段的"总计"下拉列表框中选择"计数"、在 3 个"奖学金"字段对应的"总计"下拉列表框中分别选择"最大值""最小值""平均值"，如图 6.29 所示。

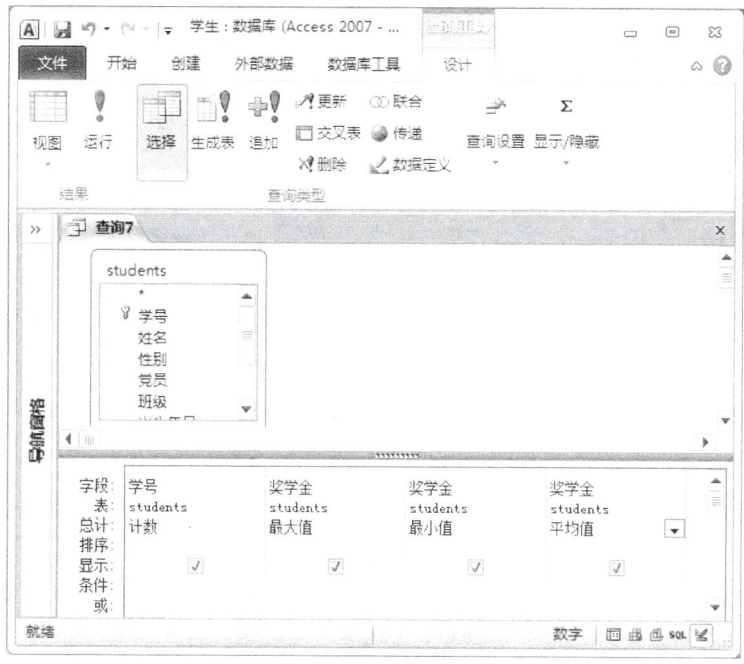

图 6.29　设置汇总函数

④ 单击"运行"按钮执行查询，查询结果如图 6.30 所示。

⑤ 保存查询结果，另存为：奖学金情况查询。

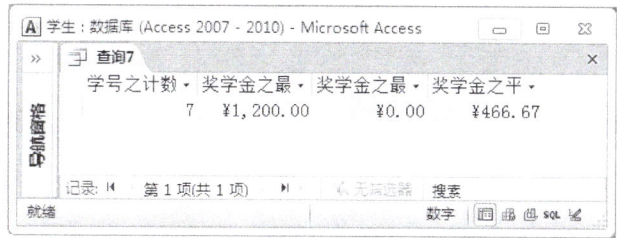

图 6.30　查询结果

例如，查询 1998 年后出生的学生的奖学金和助学金情况。

【操作方法】

① 单击"创建"选项卡中的"查询设计"选项，弹出"显示表"对话框。选择表 students，单击"添加"按钮，然后关闭"显示表"对话框。

视频
6-6
使用"查询设计"（2）

② 单击"字段"下拉箭头，依次选择"姓名""奖学金""助学金"和"出生年月"。
③ 在"出生年月"字段下的"条件"一栏中，输入">#1998/1/1#"，如图 6.31 所示。

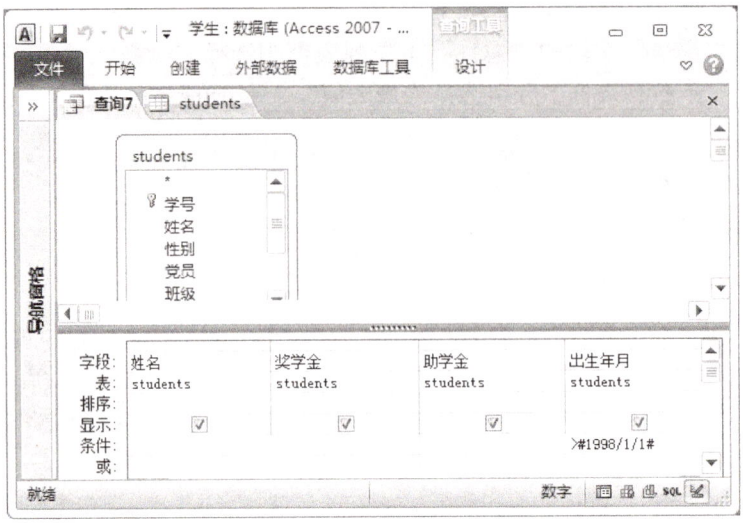

图 6.31　设置条件

④ 单击 ![运行] （运行）按钮执行查询，可看到如图 6.32 所示的查询结果。

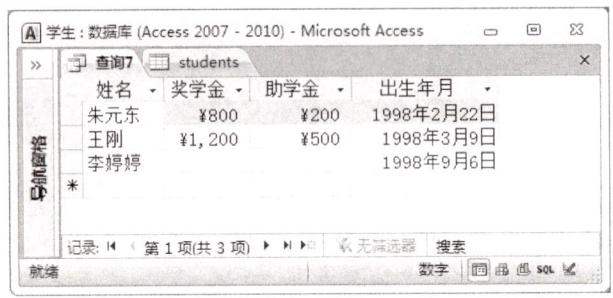

图 6.32　条件查询结果

三、练习

对实验一练习中所建立的数据库文件 Study.accdb，用 Access 的查询设计进行查询：查询学生数据库概论的最高分和平均分。

第七单元
Flash 动画制作

第一部分　Flash MX 软件介绍

Flash 是 Macromedia 公司开发的矢量图形编辑和动画制作软件。由于它强大的多媒体编辑功能，突出的特性和流式播放技术，目前已成为制作动画的主要工具。自 1996 年首次推出 Flash 2.0 版后，已经推出许多版本，目前广泛使用的是 Flash MX 和 Flash 8.0 版本。本节将简要介绍 Flash MX 的基本概念和 Flash 动画的初步制作方法。

7.1　Flash MX 简介

Flash 是目前流行的二维矢量动画制作工具，它可以将音乐、声效、动画以及富有新意的界面等多媒体元素融合在一起，制作出高品质的动画效果，目前广泛应用在网页设计、MTV、电子贺卡、广告、游戏以及课件制作领域。Flash 制作的文件品质好、体积小、交互性强，适合在网络上播放和传输。Flash 建立的源文件是以 .fla 为扩展名，可以将其转换成 Swf 等各种类型的文件。

1. Flash 用户界面

Flash 用户界面包括菜单栏、工具栏、绘图工具、时间轴、工作区、状态栏和各类面板。启动 Flash MX 后，显示 Flash 窗口如图 7.1 所示。

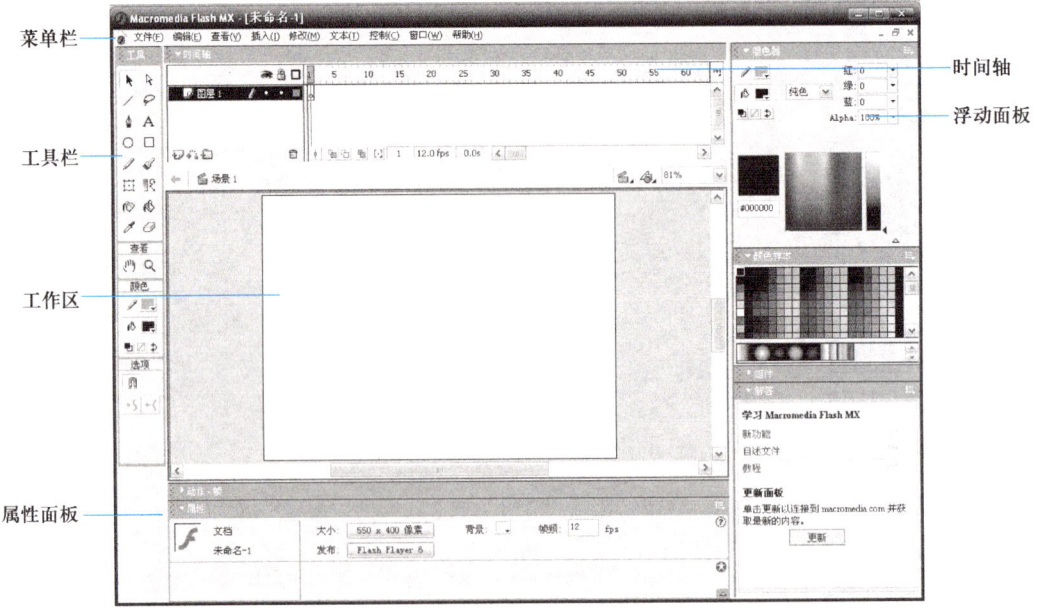

图 7.1　Flash MX 的工作界面

（1）工具栏

Flash 的绘图工具栏提供了动画制作中使用最多的一组工具，位于窗口的左侧。分为 4 个区域：工具区、查看区、颜色区、选项区。

（2）工作区

工作区也称为舞台或场景，是用来进行编辑和显示动画的区域。

（3）时间轴

时间轴由图层操作区和帧操作区两部分组成，是 Flash 中非常重要的一个面板。将对象安排在不同的图层或帧上，并在某些帧设置特殊效果，就可以制作想要表现的动画效果。

（4）浮动面板

浮动面板位于窗口的右侧和下方，可移动至窗口的任意位置。如属性面板、库面板、行为面板等。用于完成对编辑对象角色的颜色、动作控制和组件管理等功能。有些面板中的选项会随着对象的改变而改变，如属性面板、行为面板。

其中，属性面板是非常重要的浮动面板，位于窗口的下方位置，在动画制作中起着重要的作用，许多对象属性的设置都需要在属性面板中完成。当在工具栏中选中某些工具或对不同的对象进行操作时，则显示不同的属性面板内容。图 7.2 是选中椭圆工具的属性面板。

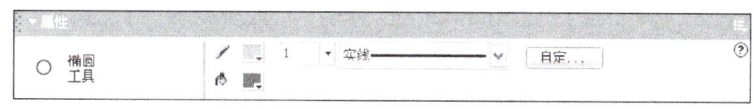

图 7.2　属性面板

2. Flash 的基本概念和术语

（1）帧

帧（Frame）是构成 Flash 动画的基本组成元素。Flash 时间轴上的每一小方格（影格）代表一帧。表示动画中的某一时刻播放的内容。帧又可以分为以下几种类型。

① 关键帧：包含内容或对内容的改变起决定作用的帧，在时间轴上以黑色实心的圆点表示，一般为一段动画中处于起始、结束等关键位置的帧。所有参与动画的对象都必须而且只能插入在关键帧中。关键帧的内容可以编辑。

② 静止帧：在前后两个不关联的关键帧之间出现的帧。灰色为有内容，白色为空。静止帧可以控制动画画面显示时间的长短，是相邻前一帧的延续。

③ 过渡帧：在前后两个关联的关键帧之间出现的帧，是前后的两个关键帧进行计算而得出的，正确情况下中间有实线连接。

（2）图层

图层（Layer）是为了制作复杂的动画和场景而采取的一种手段，图层就像透明的胶片，可以在层上绘制和编辑图形，并用层来控制对象的叠放次序，它决定了演员在舞台上的位置。每个图层都有各自的时间轴，它包含了一系列的帧，在各层中所使用的帧是相互独立的。在不同的图层中设置不同的帧的变化过程，将图层按一定的顺序重叠在一起就会产生综合效果。

在 Flash 中图层分为普通层、遮罩层、运动引导层和普通引导层。

(3) 场景

场景（Scene）是 Flash 作品中相对独立的一段动画内容，一个 Flash 动画作品可以由若干场景组成。每个场景中的图层和帧都相对独立，播放动画时，Flash 会自动按场景的顺序进行播放。

(4) Alpha 通道

Alpha 通道是决定图像中每个像素透明度的通道，它用不同的灰度值来表示图像的可见程度。纯黑为完全透明，纯白为完全不透明，介于两者之间为部分透明，Alpha 通道的透明程度共有 256 级。

(5) 符号、实例和库

① 符号（Symbol）也称为元件，是存放在库中可反复取出使用动画元素。在 Flash 中，可以把某个对象设置为符号元件存放到原件库中，然后就可以重复使用而不会增加文件的体积，合理使用元件可缩短动画制作的时间，减少文件的体积。还可以调用其他 Flash 动画中的符号。

② 将元件从库中拖到舞台上就形成了这个元件的一个实例，一个元件可以产生多个实例，当元件更新后，舞台上的所有实例全部更新，修改实例的属性不会对元件产生影响。

③ 元件是放在原件库中进行管理的，通过"库"面板可以对元件进行管理和编辑。

7.2 Flash MX 动画制作基础

Flash 动画中一部动画电影的组成层次为：帧→场景→动画电影。若干帧可组成场景，而场景则是电影的组成部分，场景和帧均可包括若干图层。帧、图层和场景是构成动画的最基本的元素。

1. Flash 动画的类型

根据动画的制作方式，Flash 动画类型主要分为逐帧动画和过渡动画两类。

(1) 逐帧动画

逐帧动画是一种最基础的动画制作方法，制作方式与传统的动画制作方式相同，是由一组连续的关键帧序列组成。动画的每一帧都需要在时间轴上制作，即每一帧都需要设定为关键帧。两帧之间变化细微、灵活，每一帧的内容按照设定的时间间隔顺序出现，形成动画。这种动画制作方式常用于重复循环的、变化细微的动画制作。制作工作量大，控制能力强。

(2) 过渡动画

过渡动画是 Flash 中使用最多的动画制作方式，是一种渐变的动画效果，也称为补间动画。过渡动画分为位移过渡动画和变形过渡动画。用户需要在处于两端的位置设置关键帧的内容，并定义过渡帧序列的渐变类型及效果，中间帧的位置不再需要人工绘制，而是由计算机根据关键帧的位置、形状等属性计算出来。它可以使用位图、文字、组合的图形和元件。

① 运动补间。位移过渡动画即是运动补间，可以做出位移、旋转、缩放、颜色改变等动

画效果。运动补间的对象是元件、位图、文字、组合的图形。

② 形状补间。变形过渡动画即是形状补间，如可将圆形变为方形等。在外形改变的同时，也可以实现位移、旋转、缩放、颜色改变等效果。形状补间的对象是分离的图形。若要对实例、组合、文本块或位图进行形状补间动画，则必须先把它们打散（按 Ctrl+B 键）变成分离的图形。

2. 常用绘图工具操作

（1）绘图工具的使用

① 直线工具：直线工具用来绘制直线，按住 Shift 键可以绘制水平、垂直或 45 度方向的直线，也可绘制闭合的图形。

② 铅笔工具：铅笔工具可在舞台上绘制线条或任何形状。按住 Shift 键可绘制水平、垂直方向的直线。

③ 钢笔工具：钢笔工具用于绘制精确的路径和各种复杂的图形，使用钢笔工具对路径节点和节点的方向点进行控制，可以创建各种曲线和直线。

④ 椭圆工具：椭圆工具可绘制椭圆，按住 Shift 键可以绘制圆。单击椭圆工具可打开属性面板进行边框颜色、边框宽度及边框样式和填充颜色的设置。

⑤ 矩形工具：矩形工具可绘制矩形、正方形、圆角矩形。按住 Shift 键可以绘制正方形。

⑥ 笔刷工具：笔刷工具可绘制出艺术效果的笔触，它绘制出的图形是矢量色块。

（2）填充工具的使用

① 墨水瓶工具：墨水瓶工具用来修改线条的属性，如颜色、线型、粗细，还能为没有边框的填充区域勾出线框。

② 颜料桶工具：颜料桶工具用来修改填充区域的颜色。颜料桶工具有 4 种填充模式。

③ 滴管工具：滴管工具用来提取对象的色彩以用于填充，它可以吸取线条、填充区域及打散的位图的属性。当它吸取了线条属性时，滴管工具转换为墨水瓶工具。当它吸取了填充区域或位图的属性时，滴管工具转换为颜料桶工具。

（3）选取工具的使用

Flash 的选取工具分为"箭头工具""部分选取工具"和"套索工具"。

① 使用"箭头工具" ▶ 选取（实心箭头）

箭头工具可以用来选择、移动对象，改变对象的大小和形状等操作。

- 单击对象的内部区域或轮廓线，即可选中对象的内部区域或轮廓线。
- 双击对象的内部区域或轮廓线，即可选中对象的内部区域和轮廓线。
- 拖动选取时，将出现一个矩形选形，在矩形选框内的对象即被选中。

例如，对一个带边框线的椭圆进行操作，单击边框，只选取边框线；单击椭圆内部，只选取椭圆的填充区域，而双击椭圆的任何部位可选取这个椭圆。

② 使用"部分选取工具" ▷ 选取（空心箭头）

部分选取工具用来选择矢量线，只有单击的选择方法。当对象选中后，用鼠标拖动即可移动对象。

③ 使用"套索工具" ⌒ 选取

套索工具用来选择任意不规则的区域或位图中不同颜色的区域。

(4) 文本工具的使用

选择工具栏的文本工具"A"可以进行文字的输入。在属性面板可以对文字进行格式设置。在文本状态，文字只能用单色填充，只有通过选择"修改"→"分离"命令，将文字分离后才能填充多种颜色。

(5) 修改工具的使用

① 橡皮擦工具：橡皮擦工具可以擦除线条与填充区域，在其选项面板中可设置擦除模式、橡皮擦的形状与大小、水龙头按钮。

② 任意变形工具：任意变形工具可对已选中的对象进行缩放、旋转、斜切及调整对象的中心点。

③ 填充变形工具：填充变形工具可以对已填充的渐变色或位图进行调整。

3. 电影场景的操作

传统动画的制作原理是将一组画面快速地在人的眼前移动，因为人的视觉具有暂留性，所以会产生一种连续变化的效果。Flash 动画根据传统动画的制作原理，它用帧代替传统动画中的一幅幅画面，所谓帧就是动画在最小时间里出现的画面。帧的默认频率是 12 帧/秒，可以根据具体的制作需要设置帧率。

(1) 帧的操作

帧是 Flash 动画的基本元素，时间轴上的一格就表示一帧，帧可以被复制、创建、删除和改变播放顺序。

单击某一帧，该帧就被选中，成为当前帧，工作区中总是显示当前帧的内容。若需选择一组帧，可将鼠标指针移至所选的起始帧处，按下鼠标左键不放，并拖曳至另一端释放即可。

要创建各类不同的帧，可以使用菜单命令或快捷菜单。

右击选中的帧，在快捷菜单中选择"插入关键帧"命令（或按 F6 键），即可在当前位置插入一个关键帧；若选择"插入空白关键帧"命令，则创建一个空关键帧，如图 7.3 所示。

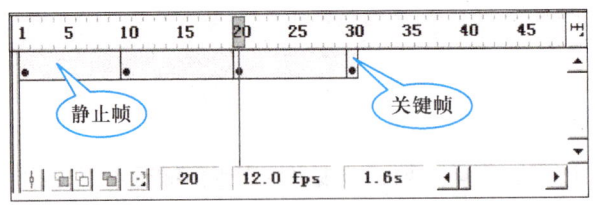

图 7.3　时间轴上的帧

(2) 图层的操作

图层是为了制作复杂动画而引入的一种手段，可以在不同的图层制作不同的动画效果。在 Flash 中的层分为 3 种类型：普通层、引导层和遮罩层。普通层就像一张透明的纸，上一层会遮住下一层，各层合起来构成完整的动画。引导层的作用是指明对象运动的路径，在动画运动时，引导层是不显示的。遮罩层与普通层正好相反，遮罩层是不透明的纸，有内容的地方透明。

① 创建图层。单击图层操作区左下角的"插入图层"按钮，即可在当前层上面插入一个新图层。图 7.4 创建了两个图层。

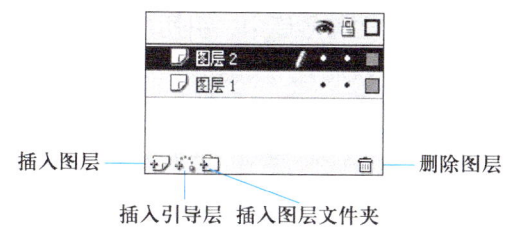

图 7.4　图层操作区

　　② 调整图层顺序。单击所要选中的图层，按住鼠标左键，拖动该层到所需要的位置即可。
　　③ 改变图层状态。图层状态包括：编辑/不可编辑、显示/隐藏、锁定/解锁和轮廓/非轮廓。用户可以根据需要，改变图层的状态。
　　● 当前图层以黑底显示，图层名后面出现 图标，表示该层处于编辑状态。
　　● 眼睛图标 下的"点"按钮，可以显示/隐藏图层。当该按钮出现"X"表示图层已被隐藏，再次单击，该图层又显示出来。
　　● 单击图层的锁状 图标，可以锁定图层，再次单击锁状图标，则取消锁定状态。当图层中的动画制作好后，可以将该图层锁定，以免不小心破坏制作好的动画。
　　● 单击图层的轮廓列 图标，可控制图层的显示方式。
　　④ 删除图层。单击所要删除的图层，单击右下角的"删除图层" 按钮即可删除图层。
　　⑤ 重命名图层。图层的默认名为"图层 1""图层 2"……，双击图层名，在出现的方框内输入新的图层名就可以重新命名图层。
　　⑥ 引导层。引导层用于制作被引导层中对象运动的路线，单击编辑区的左下角的"添加引导层" 按钮，可在一般层前加入引导层。也可以通过图层属性的快捷菜单改变图层属性，使之成为引导层。
　　⑦ 遮罩图层。遮罩图层可以用来屏蔽下面图层的播放显示。在遮罩图层上面绘制填充色块或文字，就等于在其上面挖出了与之形状相应的显示窗口，只有在这个窗口中才能显示出与之链接的图层中的内容，其余区域的内容都会被遮罩起来。右击选中的图层，在快捷菜单中选择"遮罩层"命令，该层就成为遮罩层，下面的层就成为被遮罩层。
　　(3) 场景的操作
　　场景就像一个舞台，动画都要在舞台上一幕幕表演。Flash 的作品可以由若干场景组成，每个场景拥有自己独立的动画内容，使用场景可以方便地将电影划分为几个部分。
　　选择"窗口"→"设计"→"面板"→"场景"命令，可打开场景面板，还可以对场景属性进行设置，选择"修改"→"文档"命令，打开"文档属性"对话框，可进行场景设置。图 7.5 为已建立的 3 个场景操作区面板。
　　(4) 符号元件的应用
　　在 Flash 中，对于可以重复利用的图形、动画或按钮都可以定义为符号元件，实例则是符号在场景中的具体体现。符号元件也

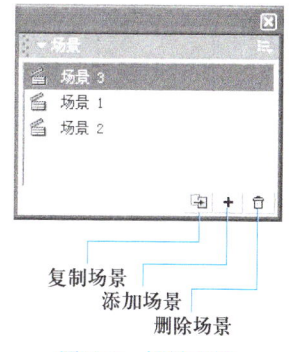

图 7.5　场景面板

可以导入，符号元件被创建后就保存在符号库中，引用时可以直接将其拖放至场景中，这时就创建了该符号的实例。一个符号可以被引用多次，但在文档中只有一个副本，因此使用符号可以节省存储空间，加快动画播放速度。

① 创建元件。

a. 选择"插入"→"新建元件"命令，弹出如图 7.6 所示的"创建新元件"对话框。

图 7.6 "创建新元件"对话框

b. 在"名称"栏中输入元件名称，并根据需要在"行为"选项中选择元件的类型，单击"确定"按钮后即可进入符号编辑模式。

c. 在工作区制作符号元件（也可以导入元件）。

d. 创建完成后，执行"编辑"→"编辑文档（影片）"命令，即可回到影片编辑状态。

② 转换场景中的对象为符号元件。

a. 选择要转换的对象。

b. 选择"插入"→"转换为元件"命令，在弹出的"转换为元件"对话框中选择符号元件的类型即可。

7.3 Flash 动画制作方法

1. 逐帧动画

逐帧动画是由若干连续的关键帧组成的动画序列，动画中的每一帧都要制作和编辑。逐帧动画制作烦琐，适合制作简单的动画，不适合制作一些复杂的动画过程。

例 7.1 利用逐帧动画制作变化的小球动画。

① 启动 Flash，选择"文件"→"新建"命令，创建一个新的 Flash 文档。

② 在第 1 帧处，单击椭圆工具，在颜色选项中设置圆的边框线为无色、填充色为灰色，在编辑区绘制一个小球，单击"颜料桶工具"，单击小球左边，使其颜色变化，并将小球拖动到舞台左侧。

③ 单击第 2 帧，插入关键帧，第 1 帧的小球会自动复制到第 2 帧，将小球向右拖动一点。

④ 在第 3~15 帧，按同样的方法，插入关键帧，并将小球向舞台右边拖动一点。

⑤ 选择"控制"→"播放"命令，即可观看小球变化的动画效果。

⑥ 单击第 5 帧，单击"任意变形工具"，将小球水平方向拖动变形为扁形的圆，将第 10

帧的圆，垂直方向拖动变形为长形的圆，如图 7.7 所示。再选择播放，即可看到小球的形状也在变化。单击"关闭"按钮即可结束播放。

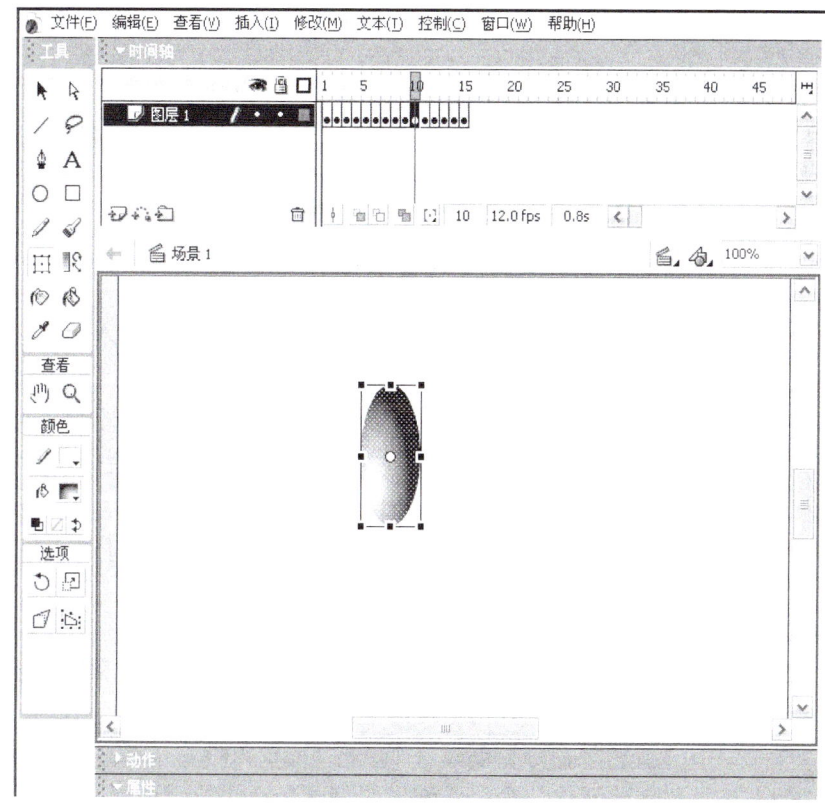

图 7.7 小球变形

例 7.2 利用逐帧动画制作一个波浪形变化的五彩小球动画效果。

① 选择"文件"→"新建"命令，创建一个新的 Flash 文档。

② 选择"查看"→"网格/显示网格线"命令，使舞台显示网格。

③ 在第 1 帧处，单击椭圆工具，在颜色选项中设置圆的边框线位无色、填充色为灰色，在编辑区的网格中绘制一个圆。

④ 单击第 2 帧，插入关键帧，将第 1 帧的内容复制到第 2 帧的右上网格，填充颜色为红色。

⑤ 在第 3~10 帧，按同样的方法，插入关键帧，将圆复制到不同的网格中呈波浪形，并将填充颜色改为不同的颜色。

⑥ 选择"控制"→"测试影片"命令，即可观看变化的五彩小球效果，单击"关闭"按钮即可结束播放。

2. 过渡动画

补间过渡动画需要在起始和终止两个处于两端的位置设置关键帧，并定义过渡帧序列的渐变类型及效果。可以是位移、缩放、旋转或变形几种类型。

例 7.3 制作一个由圆渐变为矩形的形状补间动画。

① 选择"文件"→"新建"命令，创建一个新的 Flash 文档。

② 在第 1 帧处，单击椭圆工具，单击"填充色"工具，选择填充为灰色，按住 Shift 键，在舞台的左侧绘制一个圆。

③ 在第 30 帧处，插入空白关键帧，用矩形工具绘制一个填充颜色为红色的矩形。

④ 单击两关键帧中间任意位置，在"属性"面板中单击"补间"右侧的下拉框中的"形状"选项，在两帧之间出现实线连线（若出现虚线则表明设置不正确）。

⑤ 选择"控制"→"测试影片"命令，即可观看动画播放的效果。

例 7.4 利用动作补间制作文字由远到近变化的动画效果。

① 选择"文件"→"新建"命令，创建一个新的 Flash 文档。

② 在第 1 帧处，单击文本工具，在舞台下方的属性面板中，设置字体为隶书、34 号、红色字体；输入文字"欢迎访问课程网站"。

③ 用箭头工具选中文字，右击，选择"转换为元件"命令，选择元件类型为"图形"。

④ 把文字拖动到工作区右上角，在工作区下方的属性面板的颜色栏中选择"Alpha"选项，并调整数字使颜色变淡，使用任意变形工具使对象缩小。

⑤ 选择第 45 帧，插入空白关键帧，选择"窗口"→"库"命令，打开库面板，把文字元件拖动到工作区左下角。

⑥ 选择第 1 帧，在属性面板中设置"补间"为"动作"选项。

⑦ 选择"控制"→"测试影片"命令，即可看到由远到近的文字变化的效果。

例 7.5 制作一个白兔从一端滚动到另一端的运动补间动画。

① 选择"文件"→"新建"命令，创建一个新的 Flash 文档。

② 选择"插入"→"新建元件"命令，弹出"创建新元件"对话框。

③ 在"名称"栏中输入元件名称"rabbit"，在"行为"选项中选择元件的类型为"图形"，单击"确定"按钮，进入符号编辑模式。

④ 选择"文件"→"导入"命令，导入白兔图片（rabbit. wmf）。

⑤ 单击工具栏中的"任意变形工具"，调整白兔的大小。

⑥ 单击时间轴左下角的 场景1 按钮，回到场景编辑状态。

⑦ 单击第 1 帧，选择"窗口"→"库"命令，打开库面板，将库面板的 rabbit 元件拖至舞台左端。

⑧ 单击第 40 帧处，插入空白关键帧，将库面板的 rabbit 遇元件拖至舞台右端。

⑨ 选中时间轴的第 1 帧，在"属性"面板中单击"补间"右侧的下拉框中的"动作"选项；在弹出的"旋转"选项下拉框中选择"顺时针"，在文本框中输入 3（旋转 3 圈）。

⑩ 选择"控制"→"测试影片"命令，即可观看动画播放的效果，白兔自身旋转并从左边滚动到右边。

3. 引导层动画

例 7.6 使用引导层，制作一片叶子沿指定路径运动的动画。

① 选择"文件"→"新建"命令，创建一个新的 Flash 文档。

② 选择"插入"→"新建元件"命令，弹出"创建新元件"对话框。

③ 在"名称"栏中输入元件名称"叶子",在"行为"选项中选择元件的类型为"图形",单击"确定"按钮,进入符号编辑模式。

④ 制作叶子:单击椭圆工具,选择绿色颜色,选择深绿色填充,在舞台绘制一个椭圆。单击椭圆右边线,按住 Ctrl 键并向右方拖动鼠标,出现叶子形状,单击线条工具,选择一种稍淡些的绿色,在叶子中间绘制一条直线,单击直线,按住 Ctrl 键并向上方拖动鼠标,使直线弯曲,然后绘制叶子的脉络纹路。

⑤ 单击时间轴左下角的 场景1 按钮,回到场景编辑状态。

⑥ 选择"窗口"→"库"命令,打开库面板,将库面板的叶子元件拖至图层 1 舞台中;单击第 40 帧处,插入关键帧。

⑦ 单击编辑区左下角的 按钮,在图层 1 上加入引导层。

⑧ 在引导层的第 1 帧,选择"铅笔工具",画一条曲线作为叶子运动的路径。

⑨ 选择图层 1,使用箭头工具,将第 1 帧的叶子对象拖动到引导线的起始位置,使它的中心点与引导线的起始点重合;以同样的方法在第 40 帧将叶子拖到引导线的终点使其重合。

⑩ 选择图层 1 的第 1 帧,在属性面板中设置"补间"为"动作"选项,如图 7.8 所示。

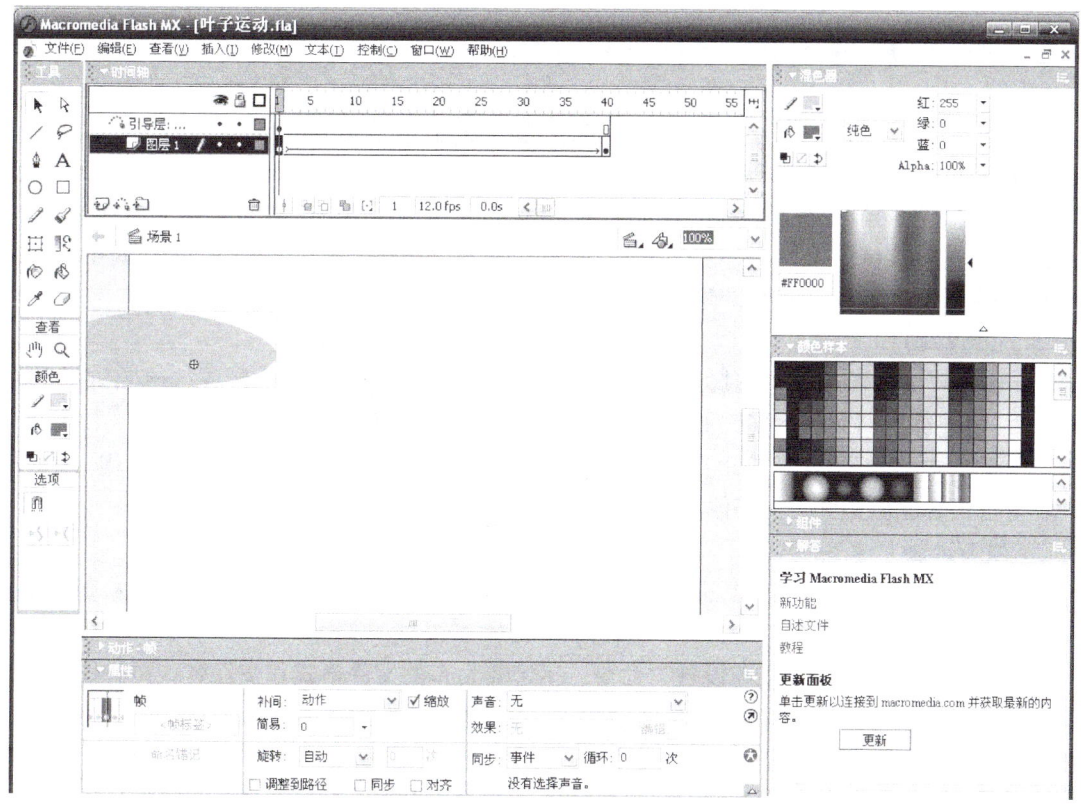

图 7.8　设置叶子的运动路径和补间动作

⑪ 选择"控制"→"测试影片"命令，即可看到叶子沿路径运动的动画效果。

4. 遮罩层动画

例 7.7 使用遮罩层，制作探照灯的动画效果。

① 选择"文件"→"新建"命令，创建一个新的 Flash 文档。

② 单击文本工具，选择一种颜色，输入文字：祝你节日快乐！

③ 选择"插入"→"图层"命令，插入一个新图层（或单击编辑区左下角的"插入图层"按钮）。

④ 在图层 2，单击椭圆工具，选择无线条颜色，绿色填充色，绘制一个圆；在第 30 帧处插入一个关键帧。

⑤ 选择图层 1，在第 30 帧处插入一个帧。

⑥ 单击第 2 层第 30 帧处，使用箭头工具，将第 1 帧的圆拖动到文字尾部。

⑦ 单击图层 2 的第 1 帧，在属性面板中设置"补间"为"形状"选项。

⑧ 在图层 2 处右击，在弹出的快捷菜单中选择"遮罩层"命令（将第 2 层设置为遮罩层）。

⑨ 选择"控制"→"测试影片"命令，即可看到探照灯动画播放效果。

7.4 Flash 动画的导出与发布

Flash 的动画制作完成后，若要将所制作 Flash 动画应用到网页或其他软件中，必须使用 Flash 的文件导出功能，将其转换为扩展名为 .swf 的动画播放文件，也可以把它发布为影片，生成网页浏览器支持的 HTML、GIF、JPEG 文件。还能向没有安装 Flash 插件的浏览器发布各种格式的图形文件和视频文件，并能创建能独立运行的 .exe 格式可执行文件。

1. 导出动画

① 选择"文件"→"导出影片"命令，即可以将制作的 Flash 动画转成 .swf 格式的 Flash 影片，任何能够识别 Flash 影片的浏览器都可以播放。

② 选择"文件"→"导出图像"命令，即可以将制作的 Flash 动画转成 GIF、位图、JPEG 等格式的图像文件，在其他文件里应用。

2. 发布动画

在进行动画发布时，首先要进行发布文件格式的设置，Flash 按照设置的格式发布为指定类型文件。

① 选择"文件"→"发布设置"命令，指定要发布的文件格式和文件名。每种图形格式都有相应的选项，选择一种格式，单击"确定"按钮，可关闭对话框。设置完成后也可单击"发布"按钮直接发布动画。

② 选择"文件"→"发布"命令，将动画发布为所设置的指定文件格式类型。

第二部分 实 验 项 目

实验一 制作 Flash 动画

一、实验目的
① 掌握 Flash 动画制作基本方法。
② 掌握 Flash 逐帧动画的制作方法。
③ 掌握 Flash 补间动画的制作方法。

二、实验内容

1. 利用逐帧动画制作倒计时数字计数器动画
【操作方法】
① 启动 Flash，选择"文件"→"新建"命令，创建一个新的 Flash 文档。
② 在第 1 帧处，单击文本工具，在属性面板，设置为红色、96 号、华文彩云字体；输入数字 6。
③ 在第 2 帧处，插入关键帧，将第 1 帧的内容复制到第 2 帧，修改数字"6"为"5"。
④ 在第 3~6 帧，按同样的方法，插入关键帧，并将文本框中的数字依次改为 4、3、2、1。
⑤ 选择"控制"→"播放"命令，即可观看计数器动画的效果。
⑥ 保存动画为"dh1"文件在指定文件夹中。

2. 利用补间动画制作一个小球弹跳的动画效果
【操作方法】
① 选择"文件"→"新建"命令，创建一个新的 Flash 文档。
② 选择"查看"→"网格"→"显示网格"命令。
③ 在图层 1 的第 1 帧处，单击线条工具，在舞台底部绘制一条直线，单击 42 帧，插入一个空白帧，重新命名图层 1 为"地平线"。
④ 选择"插入"→"图层"命令，插入新图层，并命名为"球"。
⑤ 在图层"球"中，选择"插入"→"新建元件"命令，弹出"创建元件"对话框。
⑥ 在"名称"栏中输入元件名称"小球"，在"行为"选项中选择元件的类型为"图形"，单击"确定"按钮，进入符号编辑模式。
⑦ 单击椭圆工具，选择填充颜色，去掉边线，在编辑区绘制一个小球。
⑧ 单击时间轴左下角的 场景1 按钮，回到场景编辑状态。
⑨ 单击第 1 帧，选择"窗口"→"库"命令，打开库面板，将库面板的小球元件拖至图层球的舞台上部。

⑩ 单击第 15 帧，插入关键帧，将小球拖至直线上；单击第 25 帧，插入关键帧，将小球拖至舞台中间；单击第 30 帧，插入关键帧，将小球拖至直线上；单击第 35 帧，插入关键帧，将小球拖至直线上第 4、5 格；单击第 38 帧，插入关键帧，将小球拖至直线上；单击第 41 帧，插入关键帧，将小球拖至直线上第 2、3 格；单击第 42 帧，插入关键帧，将库面板的小球元件拖至直线上。

⑪ 在图层"球"上建立第 1 帧到 15 帧、15 帧到 25 帧、25 帧到 30 帧、30 帧到 35 帧、35 帧到 38 帧、38 帧到 41 帧之间的补间运动为"动作"，如图 7.9 所示。

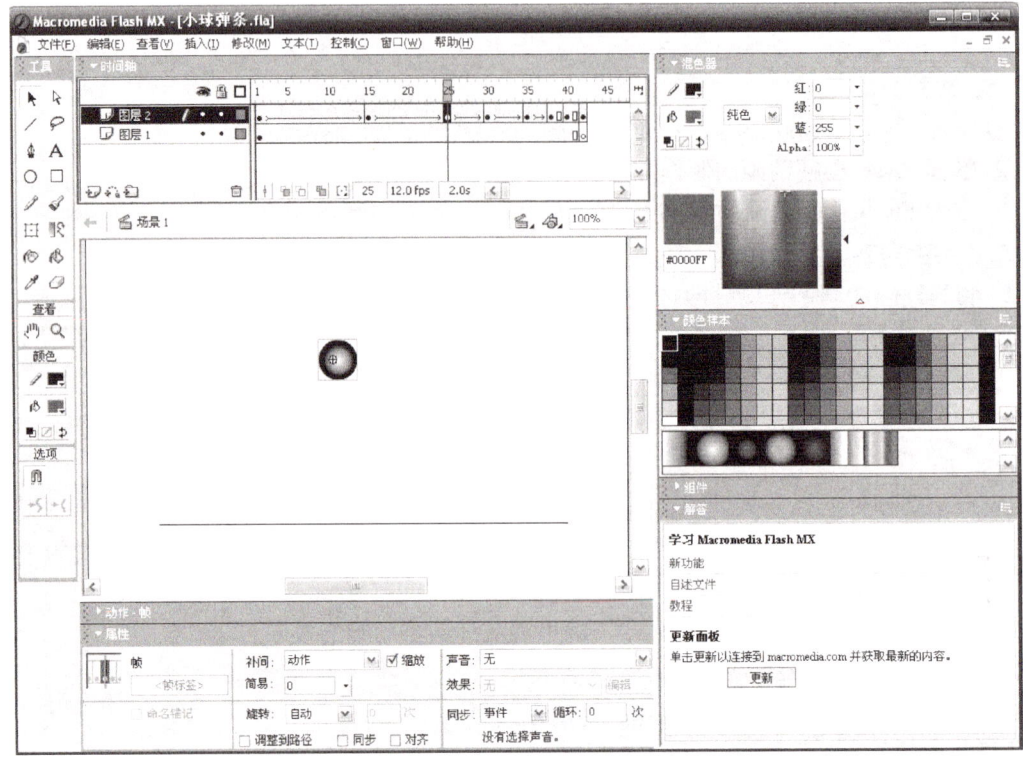

图 7.9　小球弹跳动画

⑫ 选择"控制"→"测试影片"命令，即可观看到弹跳的小球效果，单击"关闭"按钮即可结束播放。

⑬ 保存文件为"dh2"。

3. 制作移动字幕的动画效果。

【操作方法】

① 选择"文件"→"新建"命令，创建一个新的 Flash 文档。

② 导入一个图像文件作为背景。

③ 单击文字工具，输入"陪你去看流星雨"，格式化文字。

④ 用箭头工具选中文字，右击，选择"转换为元件"命令，选择元件类型为"图形"。

⑤ 单击第 1 帧，将文字拖动到舞台底部；单击 15 帧，插入关键帧，将文字拖动到舞台中部；单击 30 帧，插入关键帧，将文字拖动到舞台顶部。

⑥ 设置底部文字符号的 Alpha 值为 0（单击文字符号，在属性面板中的"颜色"下拉框中选择"Alpha"，并将旁边的数字设置为 0%），设置顶部的文字符号的 Alpha 值为 0。

⑦ 右击第 1 帧和第 15 帧之间处，在下边的属性面板中的"补间"下拉框中选择"动作"，以同样的方法，设置 15 帧和 30 帧之间动作补间动画。

⑧ 再插入一层，制作同样的动画，上一层比下一层延迟 5 帧开始。

⑨ 选择"控制"→"测试影片"命令，即可观看动画播放的效果。

⑩ 保存文件为"dh3"。

实验二　制作 Flash 动画并添加声音效果

一、实验目的
掌握 Flash 动画添加声音的基本方法。

二、实验内容

1. Flash 动画添加声音方法简介

一幅 Flash 动画影片制作好后，为了获得最佳效果，有时需要配置声音。在 Flash 中不能自己创建或是录制声音，一般需要将声音文件从外部导入到 Flash 中，然后再插入在声音图层中。

具体步骤如下。

（1）导入声音文件

① 选择"文件"→"导入"命令，可将需要的声音文件导入到 Flash 中的"库"中。

② 选择 Flash 的"界面"→"公用库"→"声音"命令，也可以调出 Flash 本身提供的声音资料，将其拖动到工作区中即可。

（2）在影片中插入声音

① 首先插入一个新图层。

② 选择"文件"→"导入"命令，导入背景音乐文件。

③ 在希望开始播放声音的位置插入空白关键帧，在属性面板中的"声音"下拉列表框中选择导入的声音文件，在"效果"下拉列表框中选择一种声音效果，在"同步"下拉列表框中选择声音的播放方式，在"循环"文本框中输入循环播放的次数。声音属性面板如图 7.10 所示。

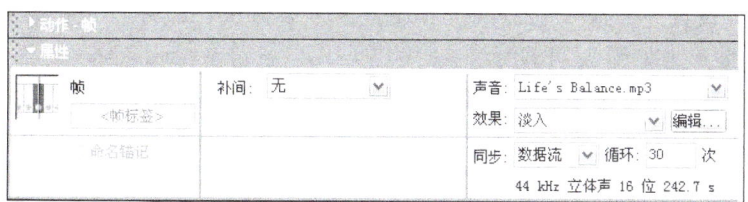

图 7.10　选择声音文件属性面板

其中：声音效果有如下几种选择。

● 左声道：仅播放左声道的声音。

- 右声道：仅播放右声道的声音。
- 自定义：用户自己编辑特殊的效果。
- 从左到右淡出：把声音从左声道切换到右声道。
- 从右到左淡出：把声音从右声道切换到左声道。
- 淡入：在播放过程中声音逐渐增大。
- 淡出：在播放过程中声音逐渐变小。

声音同步有如下几种选择。

- 事件：使声音同步于某个时间的发生。当影片到达声音的开始帧时播放。如果声音文件长于影片，则当影片播放完毕，声音继续播放直至结束。
- 开始：当影片到达开始播放声音帧时，开始播放声音。但是此时如果有其他声音正在播放，则该声音不会播放。
- 停止：停止播放声音。
- 数据流：声音的播放与影片中的帧的播放完全同步，如果影片播放结束，则声音播放也随之停止。

设置好了声音后，在时间轴就会出现声音波形。播放动画时，到达声音帧时就会播放出所配置的背景音乐。

2. 制作滚动文字效果并添加背景音乐

【操作方法】

① 选择"文件"→"新建"命令，创建一个新的 Flash 文档。

② 选择"查看"→"标尺"命令，打开坐标尺，在第 1 帧处，单击文字工具，输入"春天花会开"，格式化文字，将文字移动到坐标尺 500 处。

③ 在第 5 帧处，插入关键帧，将文字左移到坐标尺 400 处。

④ 在第 10 帧、15 帧、20 帧、25 帧处插入关键帧，将文字分别左移到水平坐标 300、200、100、100 处。

⑤ 删除第 1 帧文本的后 4 个字；删除第 5 帧文本框中的后 3 个字；删除第 10 帧文本框中的后 2 个字；删除第 15 帧文本框中的后 1 个字。

⑥ 选择"插入"→"图层"命令，插入一个存放音乐的新图层；选择"文件"→"导入"命令，导入背景音乐文件。

⑦ 单击选中时间轴的第 1 帧，在属性面板中的"声音"下拉列表框中选择刚才导入的声音文件，"效果"设置为"淡入"，"同步"设置为"事件"，"循环"设置为 30，此时，时间轴上出现了声音波形，如图 7.11 所示。

⑧ 选择"控制"→"测试影片"命令，即可观看文字自右向左滚动播放的效果，并伴随有音乐背景。

⑨ 保存文件为"dh4"。

三、练习

1. 制作一个逐帧动画，描述一个变化的小球。
2. 制作一个变化的文字效果并添加背景音乐。

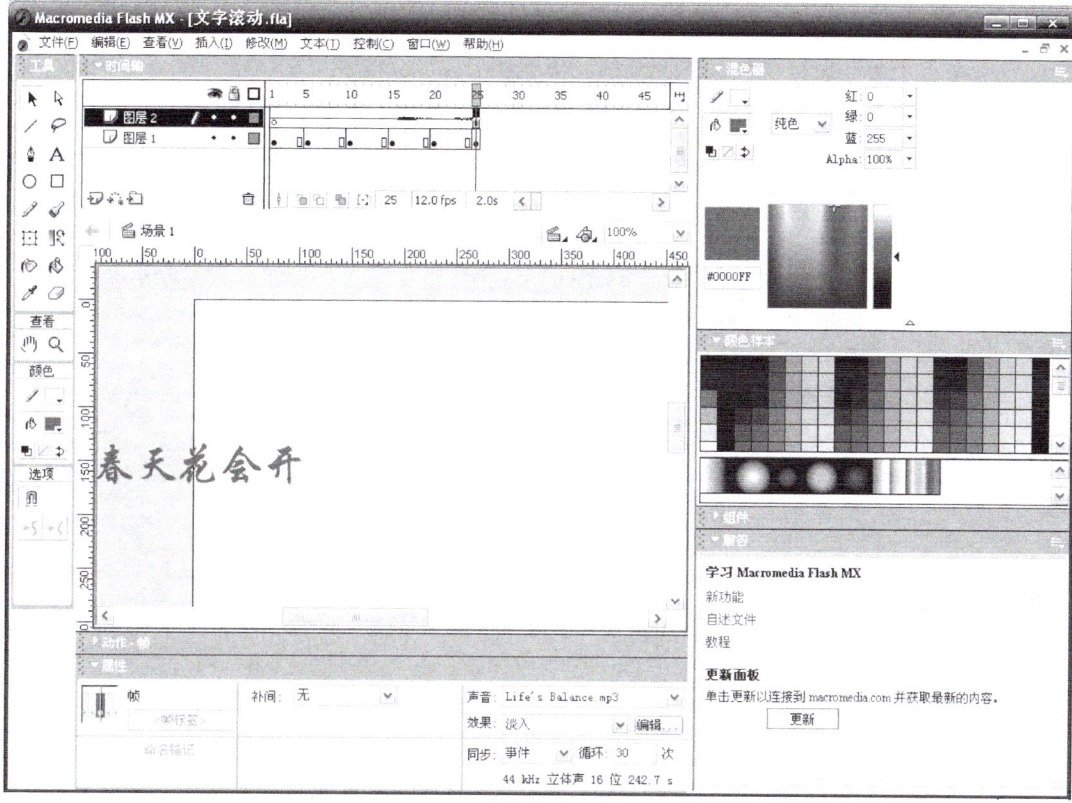

图 7.11 添加"声音"图层窗口

郑重声明

高等教育出版社依法对本书享有专有出版权。任何未经许可的复制、销售行为均违反《中华人民共和国著作权法》，其行为人将承担相应的民事责任和行政责任；构成犯罪的，将被依法追究刑事责任。为了维护市场秩序，保护读者的合法权益，避免读者误用盗版书造成不良后果，我社将配合行政执法部门和司法机关对违法犯罪的单位和个人进行严厉打击。社会各界人士如发现上述侵权行为，希望及时举报，我社将奖励举报有功人员。

反盗版举报电话　　（010）58581999　58582371
反盗版举报邮箱　　dd@hep.com.cn
通信地址　　北京市西城区德外大街4号　高等教育出版社法律事务部
邮政编码　　100120